3步 选备做 巧做家常菜

夏金龙◎主编

吉林科学技术出版社

Author
作者简介

夏金龙 中国烹饪大师，中国餐饮文化名师，国家高级烹饪技师，中国十大最有发展潜力的青年厨师，全国餐饮业国家级评委，法国国际美食会大中华区荣誉主席，吉林省吉菜研究专业委员会会长，2009年被中国国际交流促进会授予“中国烹坛领军人物奖”和“餐饮业卓越管理奖”。2010年8月22日由中国烹饪协会名厨专业委员派遣代表中国名厨参加世界各国现任“总统御厨第33届年会”。曾编著烹饪书籍数十种。现任吉林省人力资源和社会保障厅培训鉴定基地副总经理兼餐饮总监。

主　　编　夏金龙

编　　委　高树亮　刘启镇　刘　伟　韩光绪　曲晓明　曹清春　郭建武　贾艳华
李　野　李国安　刘　刚　刘云峰　张艳峰　于艳庆　姜喜丰　班兆金
李成国　孙学富　金凤菊　刘占龙　李　娜　郭久隆　张明亮　蒋志进
张　杰　刘凤义　刘志刚

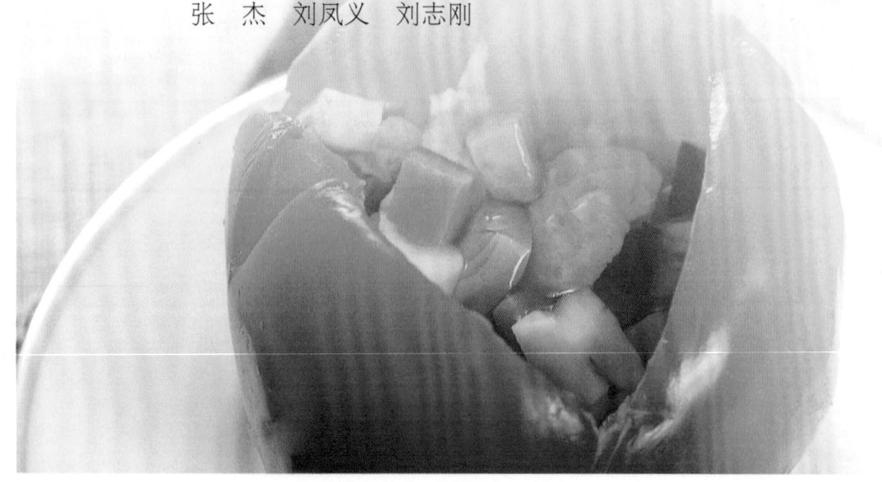

前言 Foreword

只需3步，做出滋味十足的家常菜！

让自己的家人吃好喝好是一件很幸福的事情。

家常菜繁琐的烹饪步骤让很多人望而却步，《3步巧做家常菜》就是为大家解决烹饪过程中这些繁琐和复杂的东西。

作者将琐碎、拖沓的家常菜烹饪步骤梳理、整合，秉持着“化难为易，化繁为简，家常菜标准化”的原则，将家常菜烹饪过程简明易懂地划分为 “选材”、“准备”和“做法”，共3个具体化的、操作简易的、步步递进的“三步曲”。

选——食材、调料用量精准，一个都不能少。

备——食材预处理有窍门，让一切井然有序。

做——入锅把握时间、火候最重要，美味自然来。

全书采用关键步骤分步图解的讲解方式，使读者看起来更直观，做起来更容易，按照“选备做”的“3步”操作原则，一定可以在短时间内轻松掌握家常菜肴的烹饪要领。

让乐于分享美味的我们一起为家人奏起“3步曲”，演绎出自己的幸福味道。

3步巧做家常菜

Contents 目录

蔬菜食用菌 Part 1

★ 美味畜肉 Part 2 ★

★禽蛋豆制品 Part 3★

★鲜香水产 Part 4★

本书计量单位：
1 小匙≈ 5 克
1 大匙≈ 1 5 克

Part 1 蔬菜食用菌

蔬菜初加工

shucaichujiagong

蔬菜的颜色与营养关系密切。颜色深的营养价值高，颜色浅的营养价值低，其排列顺序是“绿色蔬菜—黄色(红色)蔬菜—无色蔬菜”。

此外同类蔬菜中由于颜色不同，营养价值也不同。黄色胡萝卜比红色胡萝卜营养价值高，其中除含大量胡萝卜素外，还含有具强烈抑癌作用的黄碱素，有预防癌症的功用。

Delicious

刀工处理细节

蔬菜的种类繁多，在选购时应注意七个基本要点：一是新鲜程度；二是壮老或嫩脆程度；三是大小均匀、形状完整与否；四是有否病变；五是有否虫害；六是色泽正常与否；七是有否农药残留可能。另外，还应挑选形状、颜色正常的蔬菜购买。

1 先将油菜去除老叶。

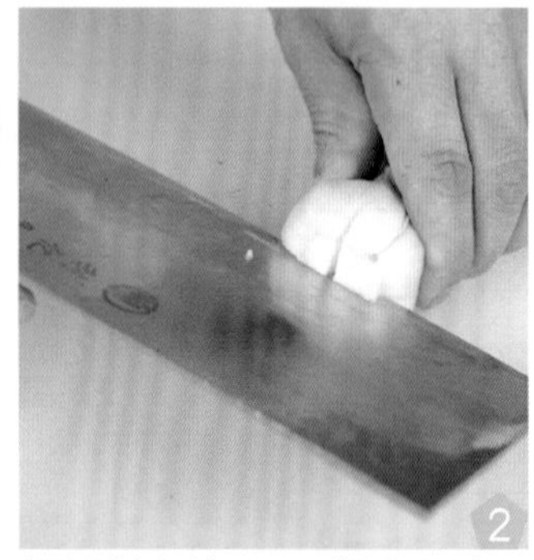

2 根部剞上花刀，以便于入味。

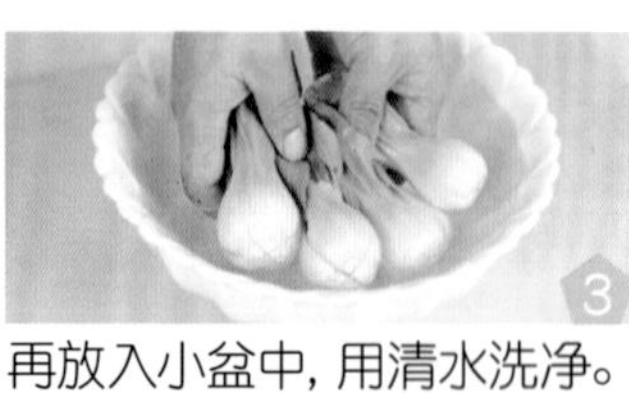

3 再放入小盆中，用清水洗净。

4 捞出沥干，即可制作菜肴。

西蓝花的处理

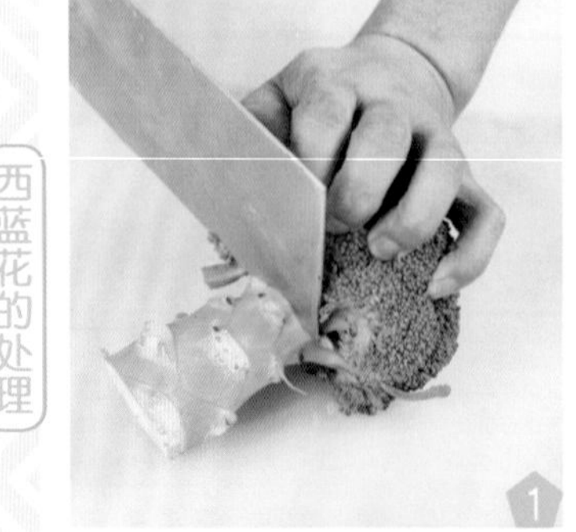

1 将西蓝花去根及花柄(茎)。

2 用手轻轻掰成小朵。

3 在花瓣根部剞上浅十字花刀。

4 放入清水中浸泡并洗净。

青笋的处理

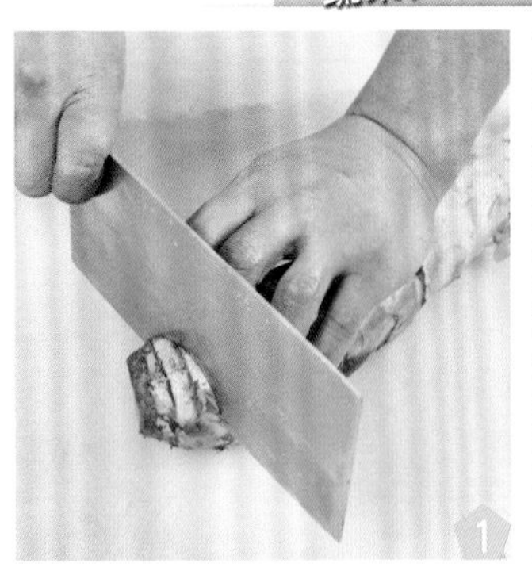
将青笋去老叶，切去根部。

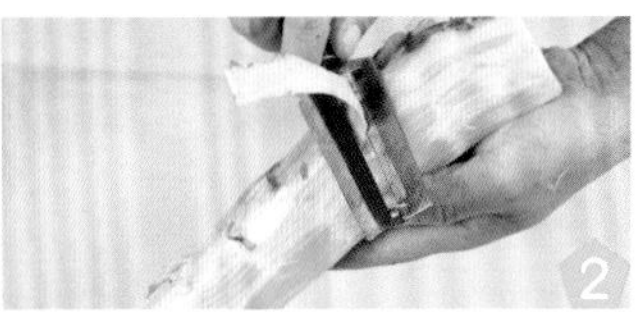
用刮皮刀削去外皮。

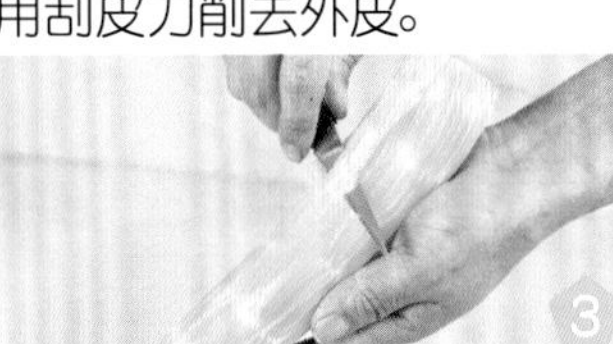
去除白色筋络。

放入清水中浸泡并洗净。

茭白的处理

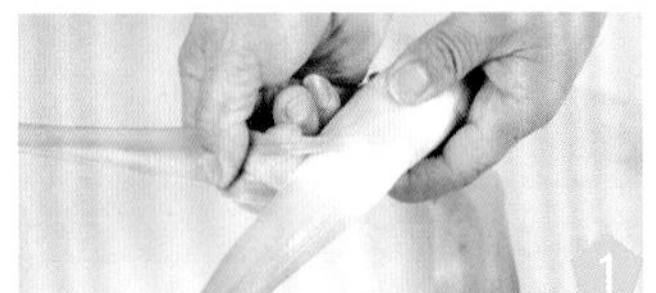
将茭白剥去外层硬壳。

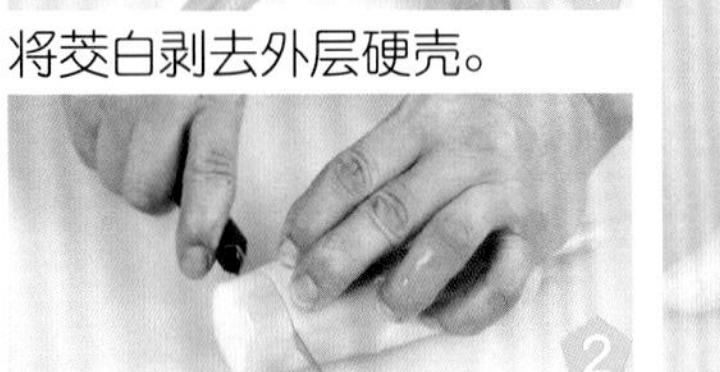
用小刀切去根蒂。

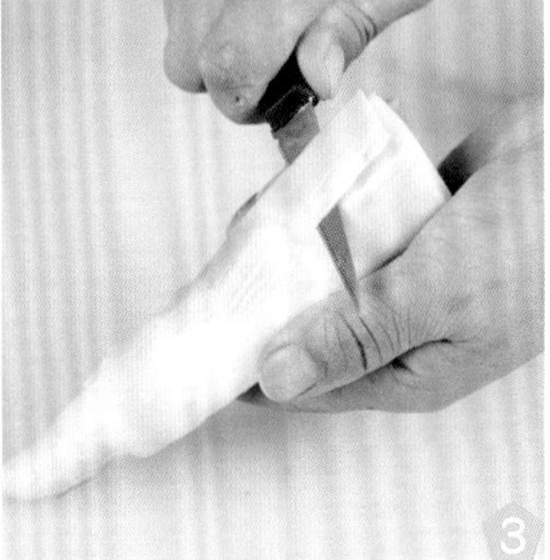
再削去外层老皮。

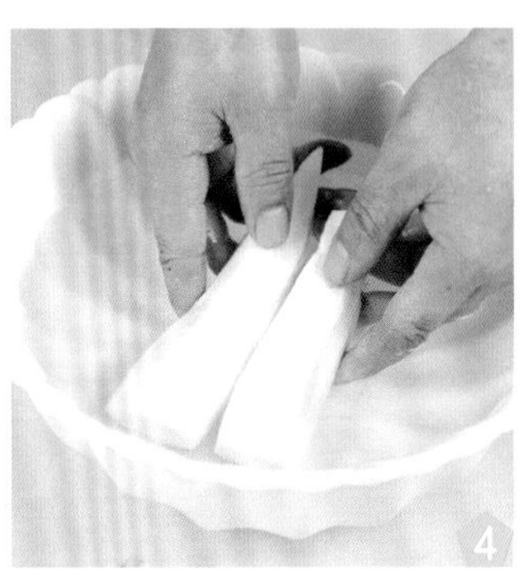
用清水洗净即可。

苦瓜的处理

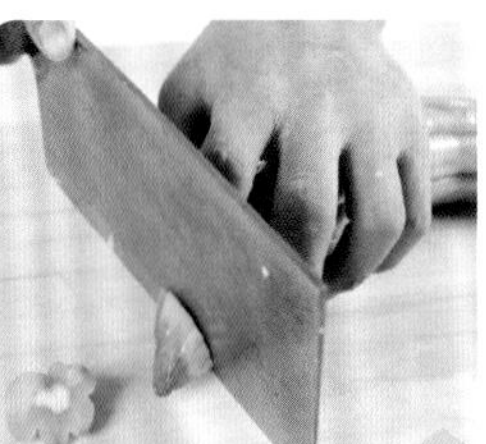

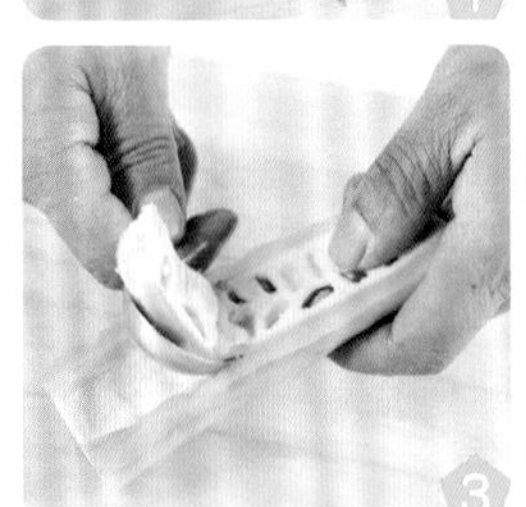

①将苦瓜洗净，沥干水分，切去头尾。

②再顺长将苦瓜一切两半。

③然后用小勺挖去籽瓤。

④用清水漂洗干净，根据菜肴要求切制即可。

土豆的处理

①将土豆洗净，捞出沥干，削去外皮。

②再放入清水中漂洗干净。

③然后根据菜肴的要求，切成各种形状。

④再放入清水中浸泡即成（可滴几滴白醋或加入少许精盐，以防氧化变色）。

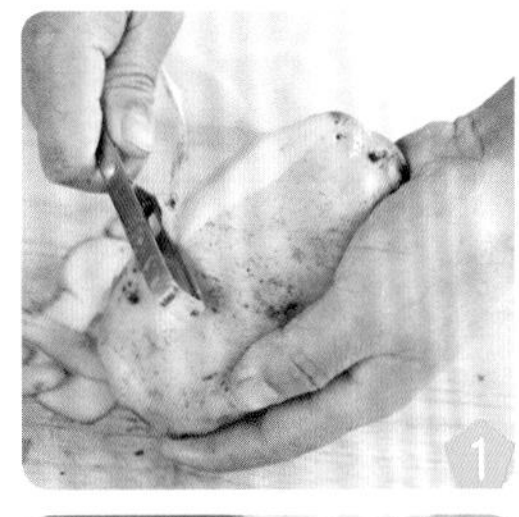

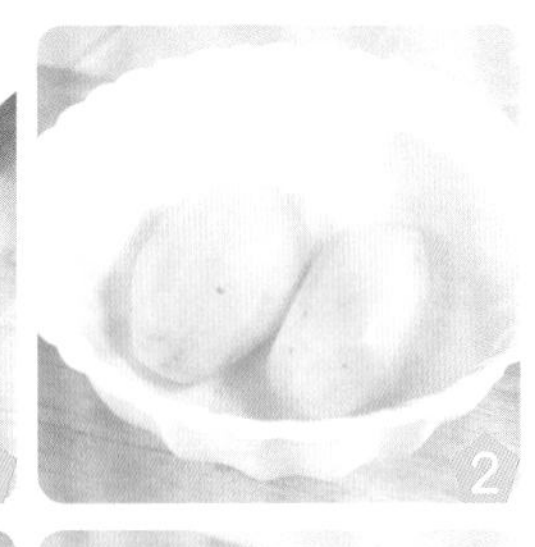

竹笋的处理

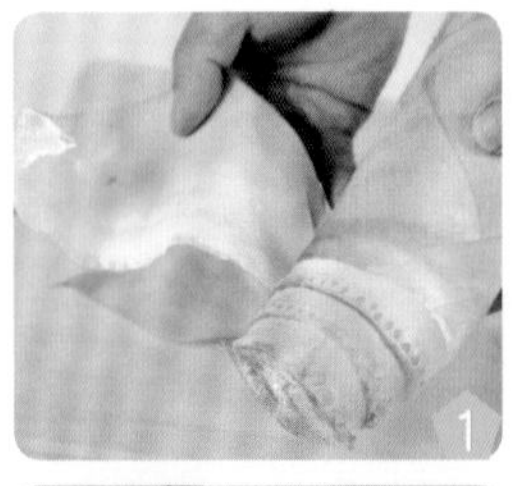
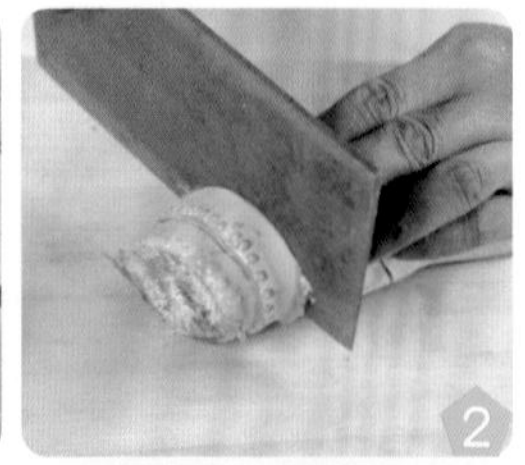
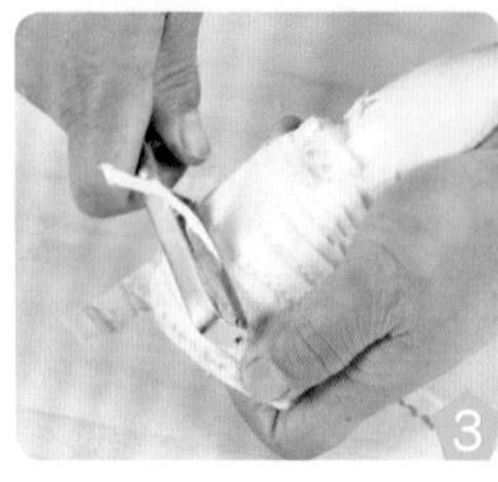
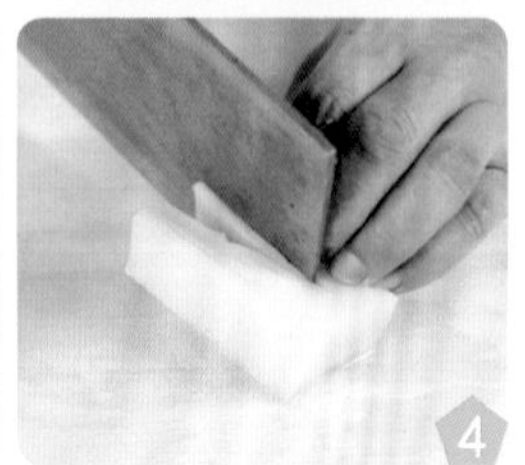

①鲜竹笋是非常好的炒菜食材，清洗时可先将竹笋剥去外壳。
②再用菜刀切去老根。
③然后用刮皮刀削去外皮，放入清水中浸泡，洗净沥干。
④再根据菜肴要求，切成各种形状即可。

金针菇的处理

①鲜金针菇一般都是小包装，需要先去掉包装，放在案板上，切去老根。
②再用手将金针菇撕成小朵。
③然后放入清水中漂洗干净(漂洗时可加入少许精盐)。
④捞出金针菇，攥干水分即可。

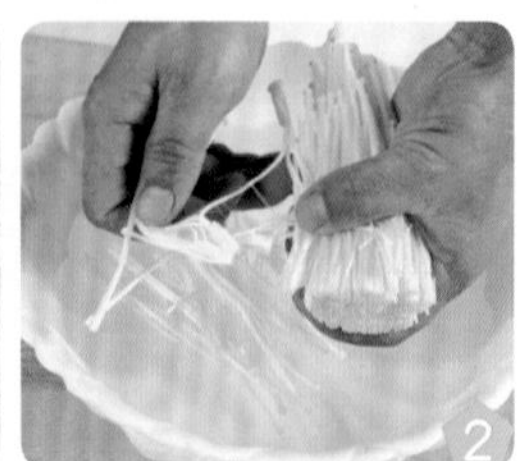
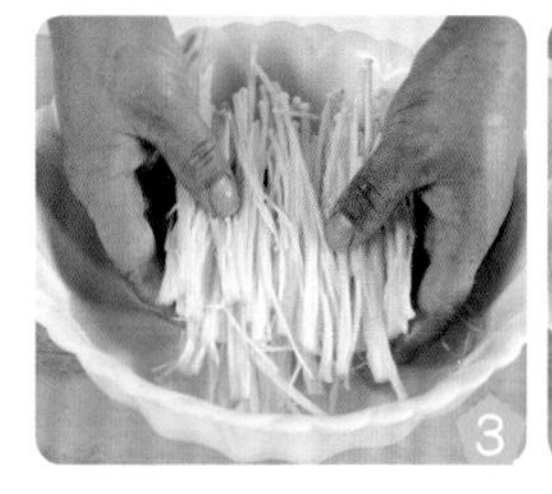

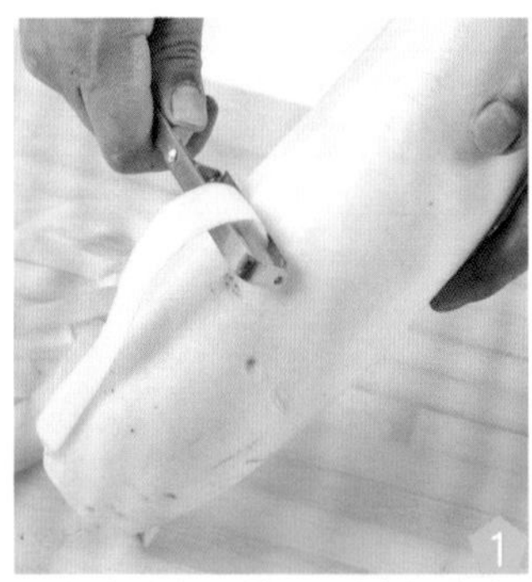
白萝卜去根、洗净，削去外皮。

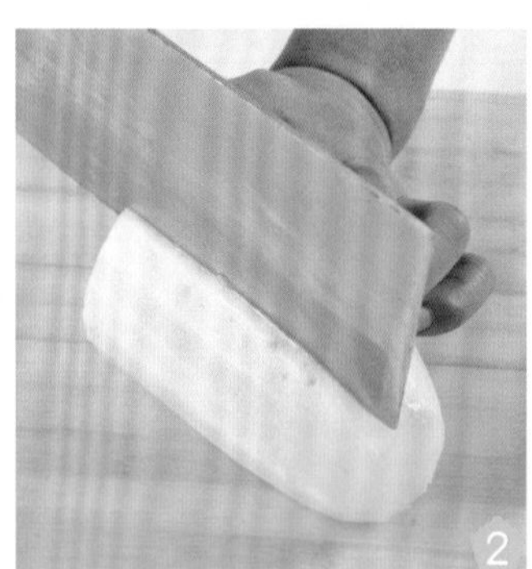
先用刀切成大厚片。

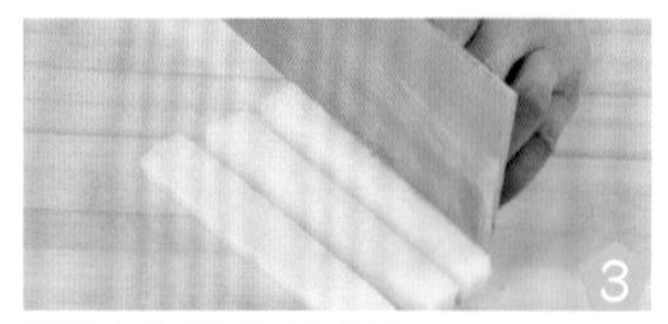
再切成均匀的长条。

然后用直刀斜切成菱形块。

扁豆切块

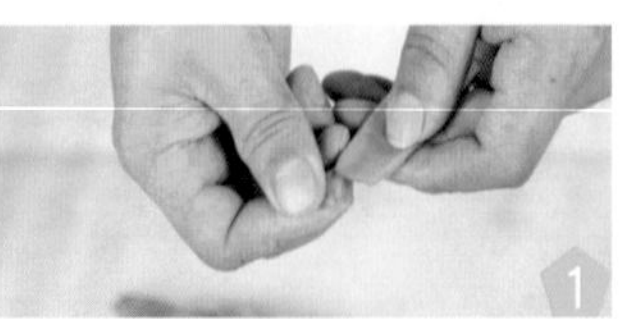
将扁豆掐去两端。

用手撕去豆筋。

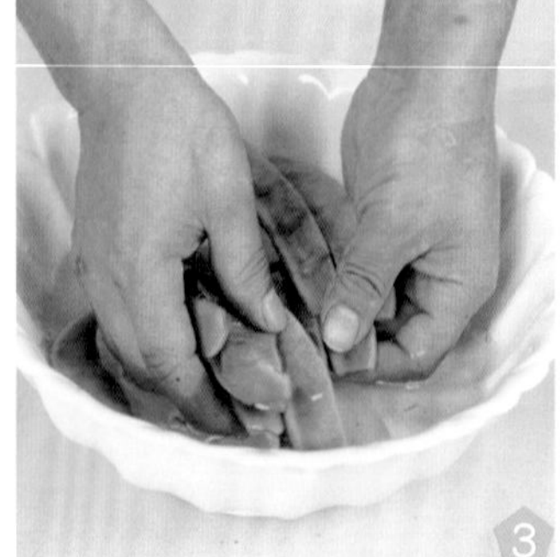
再用清水漂洗干净。

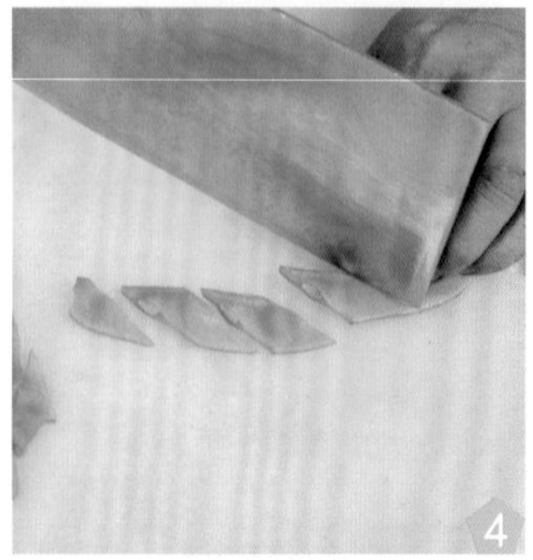
捞出沥干，直刀斜切成小块。

荸荠的处理

将荸荠放入清水中浸泡。

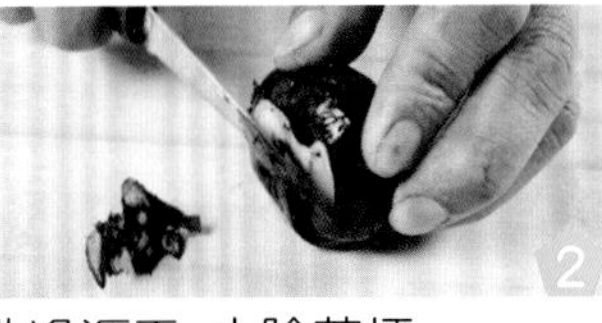
洗净沥干，去除蒂柄。

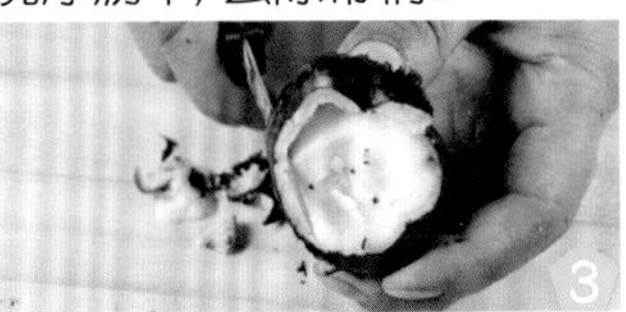
再削去外皮，取净果肉。

放入清水中浸泡即成。

莲藕的处理

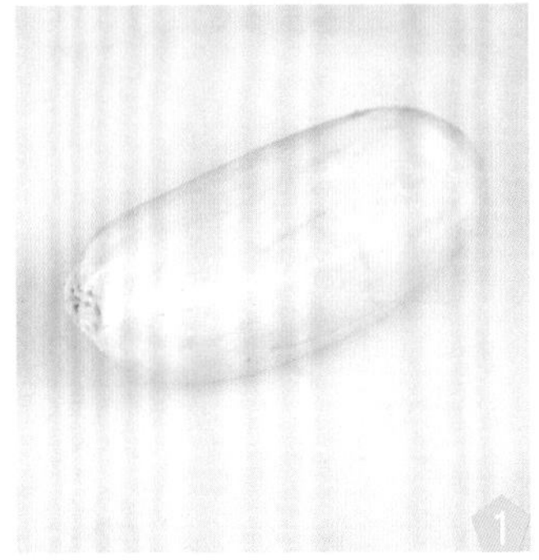
将莲藕洗净沥干。

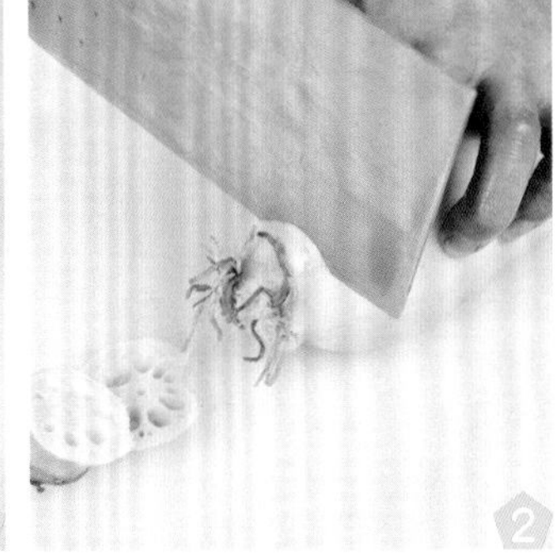
切去藕节和藕根。

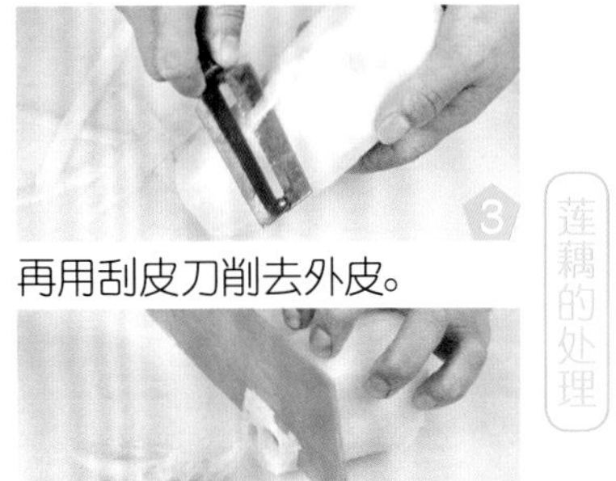
再用刮皮刀削去外皮。

用刀切片或切成滚刀块即可。

萝卜如意丁

①将胡萝卜切成2厘米见方的大丁。

②先用小刀在丁的一面切上一刀，进深为萝卜丁厚度的1/2。

③再转面从接口处切一刀，进深也为萝卜丁厚度的1/2。

④反复数次直至切完，掰开即成两个如意丁。

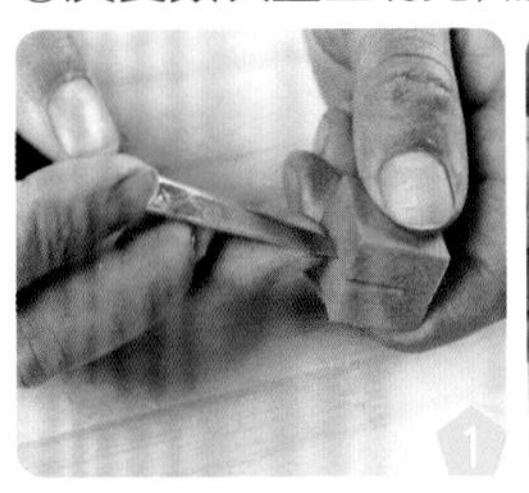

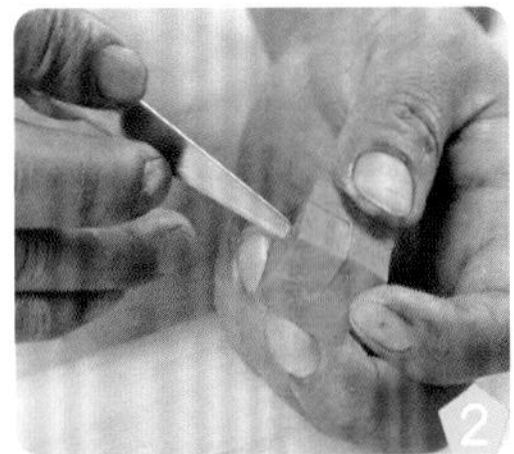

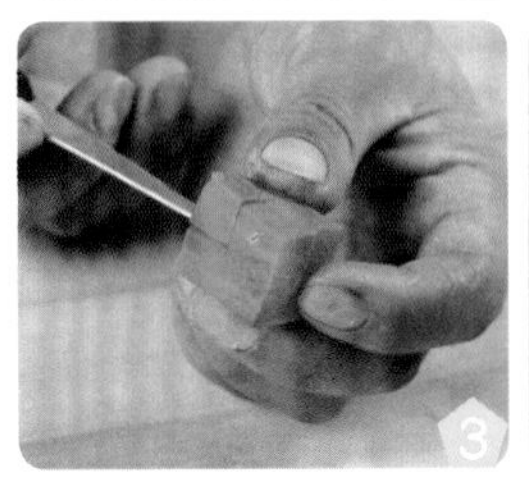

黄瓜去皮

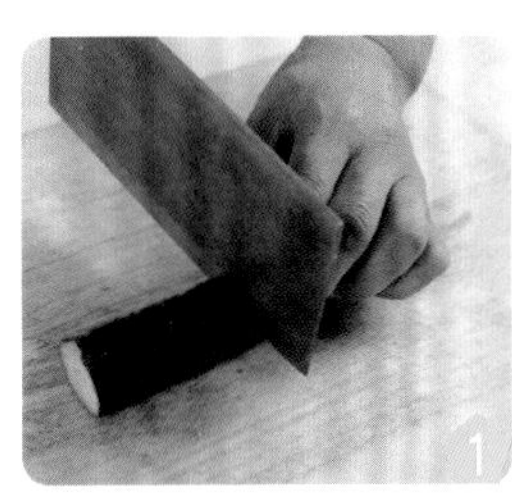

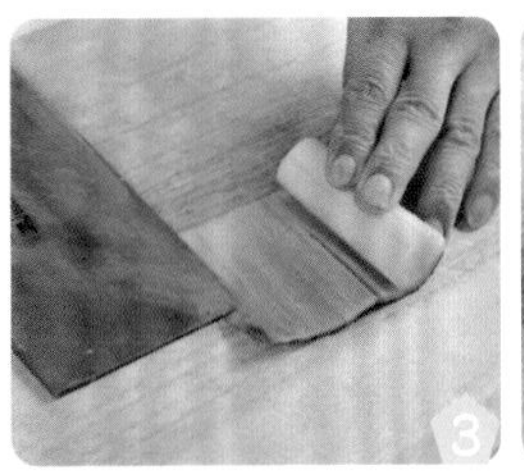

①如果打算将黄瓜去皮，可以取黄瓜中段。

②左手扶按黄瓜，右手持刀端平，用刀刃的中前部对准黄瓜被片的位置。

③用左手将黄瓜向左边滚动，刀口随之片进。

④直至将黄瓜皮完全片去。

01 八宝菠菜 15分钟

选 1.

菠菜、胡萝卜丝、冬笋丝、香菇丝、火腿丝、海米、杏仁、口蘑片各适量，葱丝少许，精盐、鸡精、料酒、植物油各适量。

备 2.

菠菜洗净，切段，放入沸水锅中焯烫一下，捞出挤干水分，放入碗中；口蘑片、杏仁分别放入沸水锅中焯一下，捞出过凉、沥干。

做 3.

锅中加入植物油烧热，下入葱丝、火腿丝、海米、料酒煸炒，倒入菠菜碗中，再加入剩余的原料、调料拌匀即可。

Tips 菠菜在焯烫时一定要注意时间和水温，因为菠菜中水分较多，过高的水温会带走其大量的营养成分。

小贴士

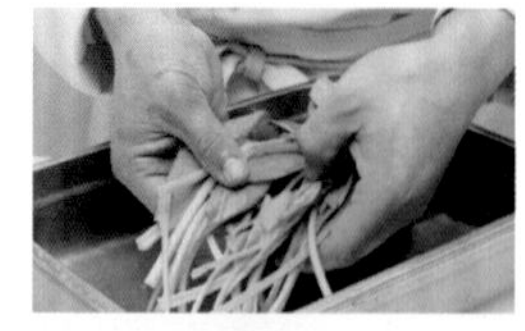

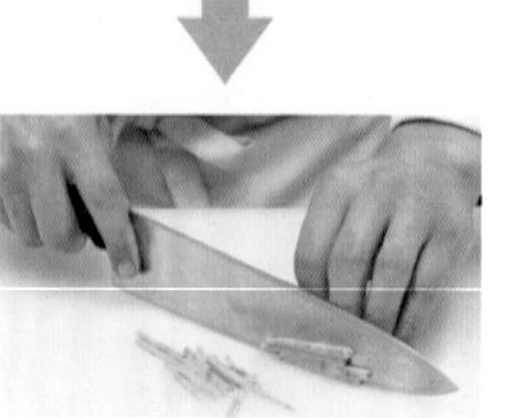

02 八宝炒酱瓜

15分钟

选 1.

酱香瓜150克，肥瘦肉丁50克，胡萝卜35克，青椒、红椒各25克，花生仁少许，大葱10克，胡椒粉、味精各少许，酱油各1大匙，植物油2大匙。

备 2.

大葱洗净，切成末；青椒、红椒去蒂、去籽，洗净，均切成小丁；胡萝卜去皮、洗净，沥去水分，切成小丁；酱香瓜洗净，切成小丁。

做 3.

锅中加油烧热，放入肥瘦肉丁炒至半干，放入花生仁和胡萝卜炒匀，放入剩余用料炒匀，撒上葱末，出锅装盘即可。

胡萝卜在切丁时，先将胡萝卜切成大块，然后分别切条，再将胡萝卜条平行摆好，改刀切丁，不是一蹴而就的直接切丁哦。

小贴士

03 八宝山药

1.

熟山药200克，果脯、葡萄干、核桃仁、豆沙馅各适量，蜂蜜、水淀粉、植物油各少许。

备 2.

山药装碗，用刀面拍成泥，放入大碗内，撒上一层果脯和豆沙馅压实，将八宝山药碗放入蒸锅内，蒸约20分钟，取出，扣在盘内。

做 3.

净锅置火上，加入蜂蜜和少许清水烧沸，用水淀粉勾芡，出锅浇在八宝山药上即可。

本菜在准备工作时可以做得更为精细，方法是将山药泥等分成多份，每放一份就撒上少量的果脯和豆沙馅，多次铺垫后蒸出的味道更佳。

小贴士

04 白菜炒三丝

20分钟

多嘴多舌 本菜在炒制时，可以根据个人喜好适当地加入白糖和香醋，这样可以在提味的同时增添菜品的颜色，增强食欲。

选 1.

白菜300克，粉丝150克，胡萝卜100克，香菜段15克，葱丝15克，精盐、花椒油各1小匙，味精、胡椒粉各1/2小匙，植物油4小匙。

备 2.

白菜洗净，切成细丝；粉丝用温水泡软，切成段；胡萝卜丝放入沸水锅中焯烫一下，捞出沥水。

做 3.

锅中加热，先下入葱丝炒香，再放入白菜丝煸炒，然后放入胡萝卜丝、粉丝、香菜段炒匀，加入精盐、味精、胡椒粉，淋入花椒油，装盘即成。

05 八福西红柿 30分钟

多嘴多舌 本菜要点，西红柿在切口时一定要注意切口不宜过大，否则在加入馅料后，在蒸制时西红柿外皮容易出现破损的情况哦。

选 1.

西红柿12个，青虾肉、冬菇、黄瓜各50克，鸡脯肉、水发海参、熟火腿、冬笋各25克，鸡蛋2个，精盐、味精、水淀粉各少许，豆油3大匙。

2.

西红柿洗净，从蒂处开一个三角口，取下作盖，挖出内瓤；鸡蛋磕入碗内搅匀，放入油锅中炒散，盛出；剩余“七福”切丁。

做 3.

锅中加油烧热，放入“八福”炒熟，捞出加入精盐、味精、水淀粉拌成馅，并装入西红柿内，上屉蒸约5分钟，取出即成。

2.

06 白菜豆腐汤

25分钟

选1.

娃娃菜300克，卤水豆腐1块，猪肉馅100克，蒜蓉5克，精盐1小匙，胡椒粉少许，料酒、水淀粉各1大匙，猪骨汤适量。

备2.

将白菜去根、洗净，切成块，放入沸水锅中焯烫一下，捞出沥水；卤水豆腐切成小块。

做3.

锅中加入猪骨汤烧沸，放入白菜块、豆腐块、猪肉馅，加入精盐、料酒煮至入味，用水淀粉勾薄芡，撒入胡椒粉、蒜蓉调匀即可。

多嘴多舌　本菜在煮制时要注意火候，因为豆腐易碎，过大的火势会将豆腐煮碎，应当小火慢熬。

07 菜心拌蜇皮

选 1.

大白菜心300克，海蜇皮250克，香菜段50克，蒜泥30克，精盐、味精、白醋、香油各适量。

备 2.

将海蜇皮洗净，再放入沸水锅中焯烫一下，捞出沥干，切成细丝；将大白菜心择洗干净，切丝，放入容器中，再放入蜇皮丝。

然后加入精盐、味精、白醋、蒜泥、香油、香菜段调拌均匀，即可装盘上桌。

海蜇皮在清洗时最好选用温水慢洗，以确保洗净依附在其上的杂质。

小贴士

08 白菜叶汤 35分钟

选 1.

白菜叶200克，虾干10克。葱末10克，精盐1/2小匙，味精少许，牛奶3大匙，高汤1000克，植物油1小匙。

备 2.

白菜叶洗净，沥去水分，切条；虾干去除杂质，放入温水中浸泡30分钟，捞出沥干。

做 3.

锅中加油烧热，先下入虾干煸炒片刻，再放入葱末炒香，然后添入高汤、白菜叶、精盐、味精烧沸，最后加入牛奶煮开，盛入大碗中即可。

烹饪中常用的一种辅助原料，以往通常是指鸡汤，经过长时间熬煮，其汤水留下，用于烹制其他菜肴时，在烹调过程中代替水，加入到菜肴或汤羹中，目的是提鲜，使味道更浓。小贴士

09 白蘑田园汤 25分钟

选1.

小白蘑200克，玉米笋、胡萝卜、土豆各50克，葱花少许，精盐、酱油各1小匙，鸡精1/2小匙，植物油2大匙，鸡汤500克。

备2.

小白蘑去根，用清水洗净；玉米笋切成小条；土豆、胡萝卜分别去皮、洗净，均切成片。

做3.

锅中加油烧热，先下入葱花炒香，再加入鸡汤烧沸，然后放入小白蘑、玉米笋、土豆片、胡萝卜片煮熟，最后加入剩余调料调匀即可。

Tips 本菜中鸡汤如果没有准备，也可以选用少量鸡精加入适量清水代替。

小贴士

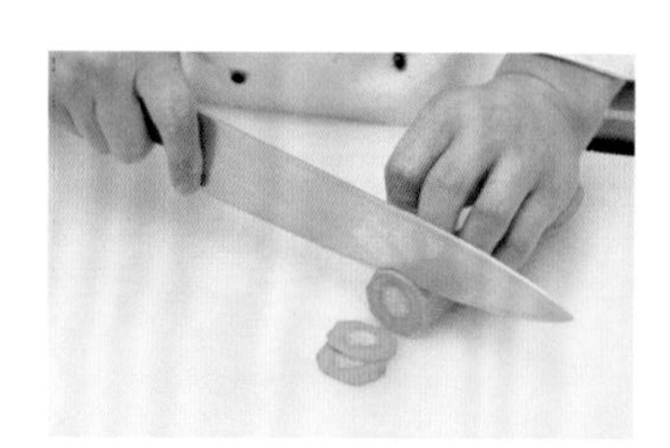

选购储存

土豆在选购时应选表皮光滑、个体大小一致、没有发芽的为最好。

土豆的储存，可以放置在阴凉处，可保存一周左右。

10 白香辣卷心菜 20分钟

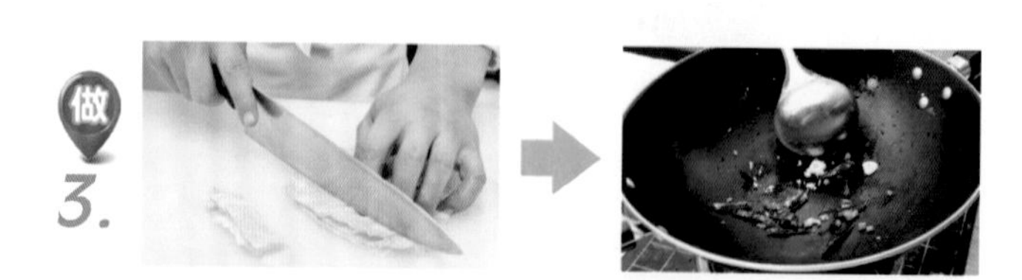

选1.

卷心菜叶350克，红干椒15克，葱末10克，姜末、蒜末各5克，精盐、味精各1/2小匙，植物油2大匙。

备2.

将卷心菜叶洗净，切成大片；红干椒去蒂、洗净，用清水泡软，切成细丝。

做3.

锅中加油烧热，先下入葱末、姜末、蒜末炒香，再放入红干椒丝煸炒片刻，然后加入卷心菜叶，放入精盐、味精，炒至入味即可。

多嘴多舌 本菜在炒制过程中，需要注意爆锅的环节，也就是红干椒放入的时机与时间，放入时机最好是在油温3～5成热时，这样不会将红干椒炸煳、炸黑，而翻炒时间大概为10～15秒即可。

11 白油鲜笋

选 1.

鲜竹笋500克，葱花5克，精盐1/2大匙，味精1小匙，胡椒粉1/2小匙，水淀粉2小匙，植物油3大匙，鲜汤150克。

将鲜竹笋去根、去皮、洗净，切成斜刀片；坐锅点火，加入植物油烧热，先下入葱花炒香，再加入鲜笋片炒匀，添入鲜汤烧沸。

做 3.

然后加入精盐、胡椒粉、味精烧约8分钟至入味，用水淀粉勾芡，出锅装盘即可。

鲜汤如果取材不易，可以用清水或者适量鸡精配以清水来代替。

12 百合白果炒蜜豆 20分钟

多嘴多舌

本菜炒制时一定要注意火候，青菜主料不像肉类那样费火，也不需过高的油温，当原料微微变色（呈微黄色）即可。

选 1.

甜蜜豆400克，鲜百合、白果各25克，葱花、姜丝各5克，精盐、味精、鸡精各1/2小匙，白糖、水淀粉各1小匙，植物油3大匙。

备 2.

百合洗净；白果洗净；甜蜜豆切去头尾、洗净；分别下入加有少许精盐和植物油的沸水中焯烫一下，捞出沥干。

做 3.

坐锅点火，加油烧热，先下入葱花、姜丝炒香，再放入甜蜜豆、白果、百合，加入精盐、味精、鸡精、白糖翻炒均匀，然后用水淀粉勾芡，即可出锅装盘。

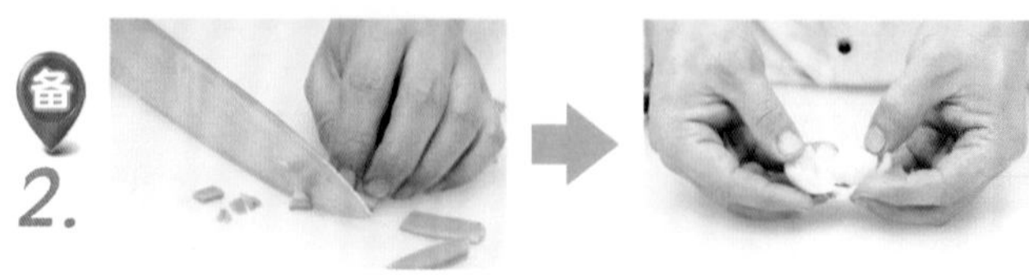

13 板栗香菇烧丝瓜 35分钟

多嘴多舌 板栗的煮制需要特别注意，在煮制8分钟后用勺子轻压，如果仍然很硬，那么就需要再放回到沸水锅中续煮5分钟。

选1.

板栗250克，丝瓜150克，净香菇15克。精盐1小匙，味精、白糖各少许，水淀粉3小匙，鲜汤250克，植物油500克（约耗50克）。

备2.

香菇泡软，洗净，切片；丝瓜去皮、洗净，切片；板栗洗净，放入沸水锅中煮8分钟捞出，再放入清水中浸泡，捞出取净板栗肉。

做3.

锅留少许底油烧热，放入板栗肉和香菇炒匀，加入精盐、味精、白糖和鲜汤烧沸，焖至板栗软糯，放入丝瓜片稍炒片刻，用水淀粉勾芡，出锅装盘即成。

14 拌芥末菜花 20分钟

多嘴多舌

菜花焯水需要留意，是先将适量清水放入锅中，上火烧沸，再放入菜花，焯煮2分钟左右即可，焯水后捞出放入空碗中，沥水片刻。

选 1.

菜花400克，红辣椒25克，芥末油2小匙，精盐、白醋各1小匙，味精、白糖各1/2小匙，植物油少许。

备 2.

芥末搅匀成糊状；将菜花洗净，掰成小块；红辣椒去蒂及籽，洗净，切成碎粒。

做 3.

锅中加入清水，放入菜花块焯至熟透，放入碗中；芥末糊中加入精盐、味精、白糖、白醋，调匀成味汁，再加入红辣椒粒搅匀，浇在菜花块上即成。

选购储存

菜花的选购要点，新鲜品质好的菜花，个体周正，花球坚实，色白粒细，不发乌，无虫咬，吃起来纤维质少，质地细嫩，柔软甜美，容易消化。

15 碧绿脆笋 20分钟

选 1.

青笋300克，小米辣椒25克，精盐1大匙，味精1/2小匙，花椒粉少许。

2.

将青笋去皮、洗净，切成10厘米长、1厘米见方的长条，放入盆中，加入适量精盐略腌，捞出青笋条；小米辣椒剁碎。

做 3.

精盐、味精、小米辣椒末、花椒粉放入容器中调拌均匀成味汁，再放入青笋条拌匀，装盘上桌即可。

选购青笋最好是选当季的，1～4月的青笋最鲜嫩好吃。买青笋的时候注意不要买太粗的，太粗的空心概率会稍微大一些。

小贴士

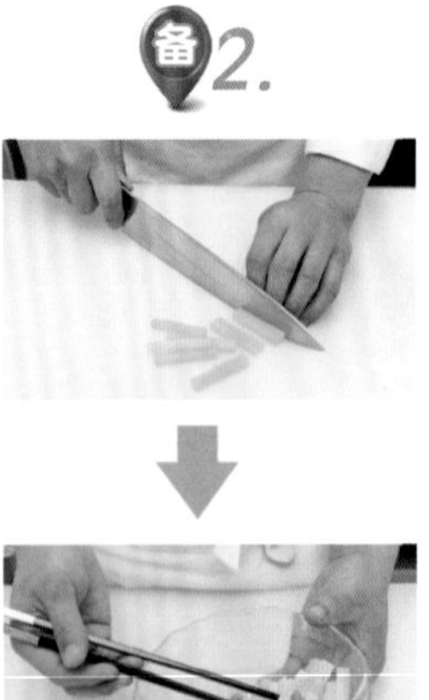

16 冰镇芦笋 15分钟

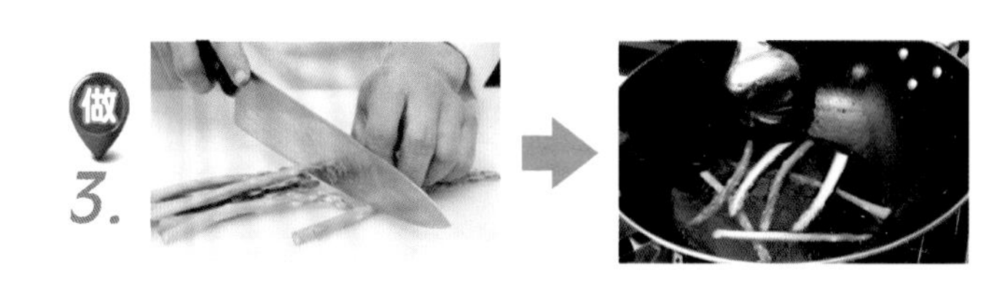

选 1.

芦笋300克，精盐、味精、白糖、芝麻酱、酱油、鲜汤各适量。

备 2.

芦笋洗净，切段，用沸水焯至断生，捞出沥干；取1个味碟，放入芝麻酱，加入精盐、味精、酱油、白糖调匀成麻酱味碟。

做 3.

将芦笋放入装有冰块的盘中，与调好的味碟一同上桌蘸食即可。

本菜品中提到的鲜汤，如没有提前准备，可依照个人口味选用香油或辣椒油。

小贴士

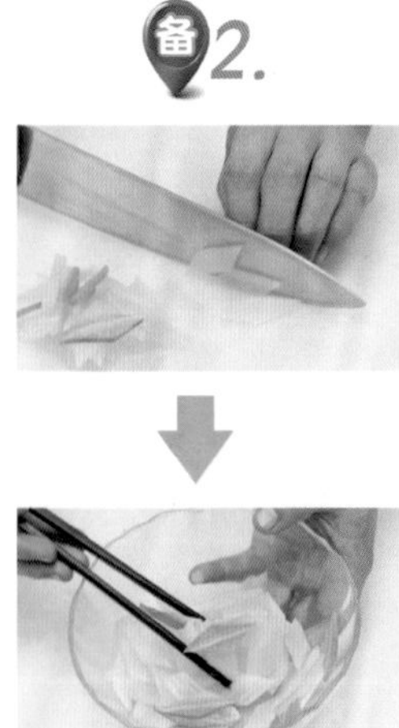

17 玻璃笋片

选1.

青笋200克，胡萝卜100克，葱花10克，精盐、味精各1/2小匙，熟芝麻2小匙，白糖少许，酱油1小匙，辣椒油1大匙。

备2.

将青笋、胡萝卜分别去皮，切成菱形片，放入沸水锅中焯烫一下，捞入清水中投凉，沥干水分，放入盘中。

做3.

取小碗，加入精盐、白糖、味精、酱油、辣椒油调匀成味汁，再放入葱花，撒上熟芝麻，倒入装有青笋、胡萝卜片的盘中拌匀，即可上桌。

Tips 胡萝卜去皮时，如果刀工欠佳的朋友可以尝试将胡萝卜直接切成长方形，这样也可以直接去皮，缺点是可能会带走更多的可食用部分，慎用！

18 菠萝腰果炒草菇 20分钟

多嘴多舌

本菜小窍门，菠萝在去皮、切丁后可以放入淡盐水中浸泡片刻，大约3～5分钟，这样可以去除个别菠萝辣口的味道。

选 1.

菠萝1个，腰果10克，草菇1/2罐，甘笋30克，青椒丁5克，西红柿丁50克，精盐1/2小匙，白糖1小匙，植物油4小匙。

备 2.

草菇洗净，切块；甘笋去皮，洗净，切成粒，用开水略烫，捞出；菠萝去皮，取肉，切成小粒。

3.

锅中加油烧热，放入草菇略炒，然后放入西红柿丁、甘笋、青椒炒香，再加入菠萝粒、腰果、剩余用料翻匀，即可出锅装盘。

19 彩椒山药

25分钟

多嘴多舌 本菜味道略有辛辣，口味相对清淡的朋友，可以选购彩椒中的红椒（红椒辣味较小）来降低本菜的辣味。

选 1.

山药300克，彩椒6个，鸡蛋清1个，葱段、姜片、丁香、精盐、鸡精、白糖、酱油、淀粉、料酒、鲜汤、植物油各适量。

2.

彩椒洗净，切段；山药洗净，上笼蒸熟，取出晾凉，去皮，捣成蓉泥，再加入精盐搅匀；鸡蛋清加入水淀粉调匀成糊。

做 3.

将彩椒段涂上蛋清糊，酿入山药蓉泥，码入盘中，上笼蒸6分钟，取出；锅置火上，加入少许鲜汤、调料烧沸，勾薄芡，浇在彩椒段上即可。

2.

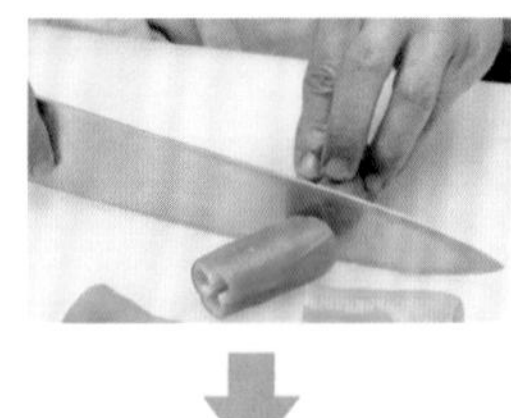

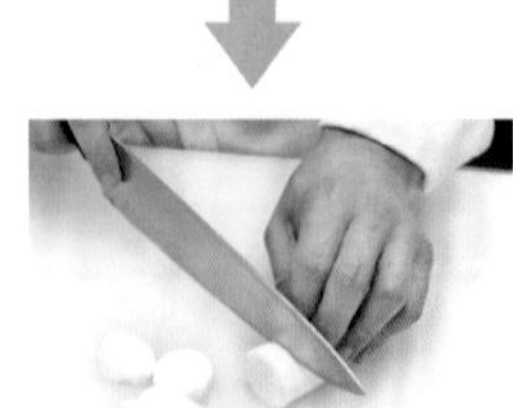

20 菜花炒肉片

20分钟

选 1.

菜花300克，猪瘦肉100克，青椒片、红椒片各15克，葱丝5克，精盐、味精、水淀粉、香油各适量，豆瓣酱、料酒各1/2小匙，葱油3大匙。

备 2.

猪肉洗净，切成小片；菜花洗净，掰成小朵。

做 3.

锅中加油烧热，先下入豆瓣酱、葱丝、青椒片、红椒片炒香，再加入肉片、菜花略炒，放入料酒、精盐烧至入味，再加入味精，用水淀粉勾芡即可。

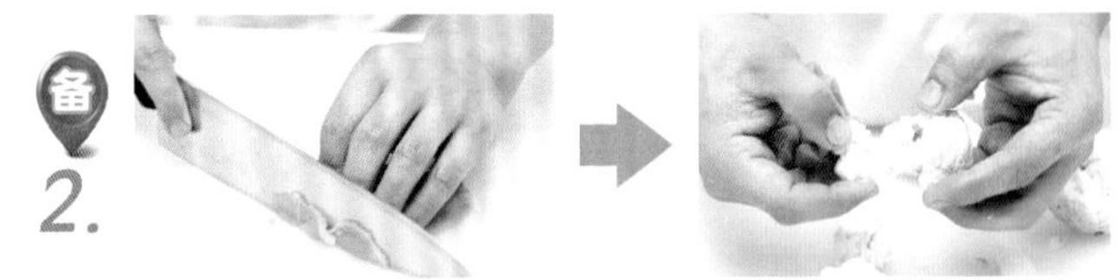

多嘴多舌

本菜在炸锅的时候需要注意，在下入豆瓣酱后要将火调小，以免将酱炒煳，视情况不同，可以适当地加入少量清水翻炒。

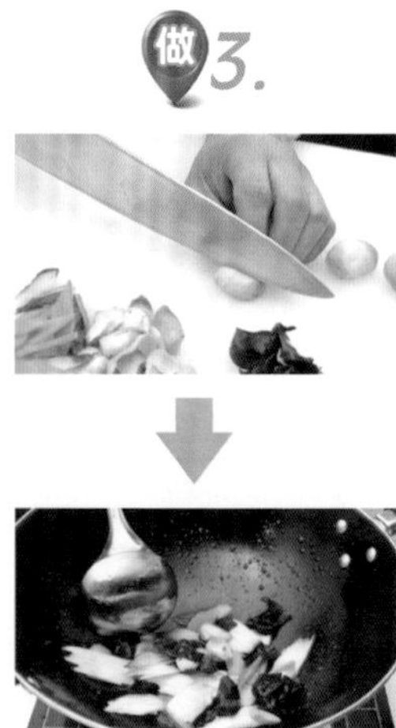

21 草菇小炒 20分钟

选1.

草菇20个，黑木耳100克，白菜250克，黄瓜、芹菜各50克，胡萝卜30克，精盐、冰糖各2小匙，味精1小匙，植物油2小匙。

备2.

木耳用温水泡软，择洗干净，切成小块；白菜洗净，片成大片；黄瓜、胡萝卜分别洗净，切成薄片；芹菜择洗干净，切成小粒。

做3.

锅中加油烧热，放入白菜片、黄瓜、木耳、冬笋、胡萝卜、草菇略炒一下，再加入精盐、味精、冰糖调味，撒上芹菜粒，即可出锅装盘。

Tips 本菜加速小窍门，木耳的泡软相对比较耗费时间，可以选择将木耳放入温水锅中煮开，相对于泡发更加快捷。

22 炒肉白菜鲜蘑 20分钟

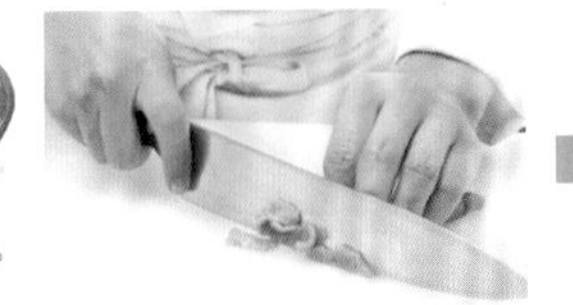

猪肉100克，白菜250克，鲜蘑80克，植物油60克，精盐1小匙，酱油2小匙，蒜片2小匙，淀粉、葱各1大匙，味精2/5小匙。

将肉切成小薄片；将蘑菇切成小块；将白菜片成小薄片，打水焯，捞出投凉，控净水待用。

锅中加油烧热，用蒜炝锅，放肉片煸炒，再放蘑菇、白菜片、精盐、酱油，烹醋，煸炒至熟，加入味精，勾芡，出勺装盘即可。

Tips 白菜的营养价值很高，含蛋白质、脂肪、膳食纤维、水分、钾、钠、钙、镁、铁、锰、锌、铜、磷、硒、胡萝卜素、尼克酸、维生素B_1、维生素B_2、维生素C还有微量元素钼。 小贴士

23 炒青笋木耳

20分钟

选 1.

青笋200克，猪瘦肉150克，黑木耳100克，葱花10克，精盐、味精各1/2小匙，白糖、酱油各2小匙，植物油3大匙。

备 2.

猪肉洗净、切片，加放入热油锅中炒至变色，捞出；青笋去皮、洗净，切片；酱油、白糖、精盐、味精调匀，制成味汁。

做 3.

锅中加油烧热，放入葱、青笋、木耳炒香，加入肉片、味汁炒至入味，即可出锅。

木耳在入锅炒制时要将火调小，因为木耳含水较多，过大的火势容易将木耳炒爆，在破坏了形态的同时又容易溅出锅中热油。

小贴士

选购储存

青笋的储存，把切好的青笋用沸水焯烫一下，然后过凉水，控干。用保鲜袋盛装入冰箱冷冻即可存放了。什么时候需要吃，拿出来用水焯烫一下即可炒、拌酌食。

24 炒爽口辣白菜片 20分钟

选1.

白菜400克，红干椒15克，植物油60克，精盐1.5小匙，酱油2小匙，白糖1大匙，味精2/5小匙，葱片2小匙，姜末1小匙。

备2.

将嫩白菜帮去叶，片成片，打水焯，捞出投凉，控净水；红干椒切成小块。

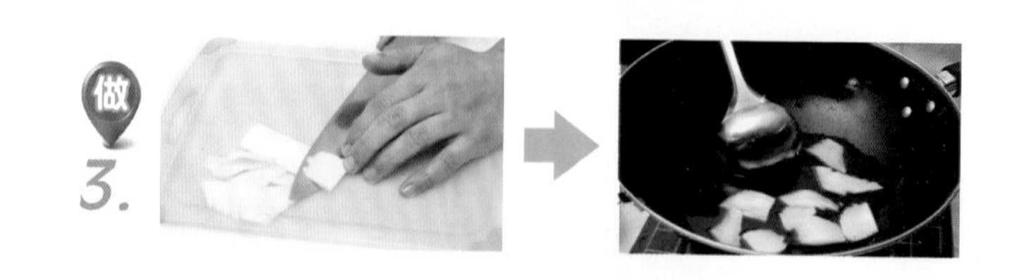

做3.

坐勺，加底油烧热，用葱、姜炝锅，放入白菜片、辣椒块、白糖、精盐、酱油，烹醋，找好口味，翻炒，点入味精，出勺装盘即可。

多嘴多舌 本菜在炒制白菜时需要注意一个小细节，就是白菜在锅中翻炒时间不宜过长，因为过久的炒制会将白菜中水分炒出，破坏营养、破坏味道。

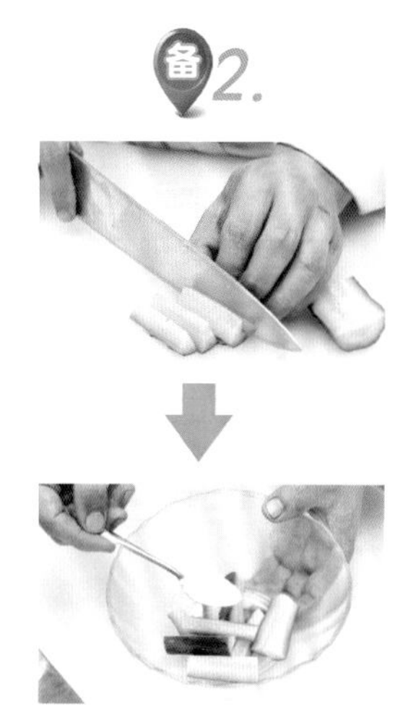

25 小辣黄瓜 20分钟

选 1.

黄瓜250克，胡萝卜100克，红干椒25克，花椒少许，白糖2小匙，精盐1/2大匙，植物油、清汤各1大匙。

备 2.

黄瓜洗净，切条；胡萝卜去皮，洗净，切成条；红干椒切成小段。将精盐、白糖、清汤放入小碗内，调拌均匀成味汁。

做 3.

锅中加油烧热，放入花椒、红干椒段炸至棕红色，将锅离火，然后放入黄瓜条和胡萝卜条拌匀，出锅装盘，晾凉后浇上味汁即可。

26 春笋豌豆 20分钟

多嘴多舌 本菜中的焯水，是将切好的食材放入沸水锅中加热过水，切记焯水时间不宜过长，宁短勿长，因为焯水是为了使食材在炒制时不会因加热而变焦。

选1.

春笋尖150克，豌豆粒50克，精盐、味精、水淀粉各1/2小匙，熟猪油2大匙。

备2.

豌豆粒洗净，放入沸水锅中焯熟，捞出沥水；春笋尖洗净，切丁，再放入沸水锅中略焯，捞出沥干。

做3.

锅中加熟猪油烧热，先下入豌豆、笋丁略炒，再添入清水烧沸，然后加入精盐、味精烧至入味，再用水淀粉勾芡，即可出锅。

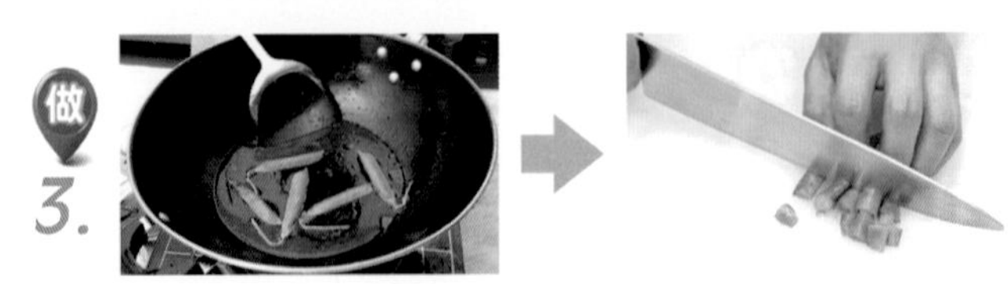

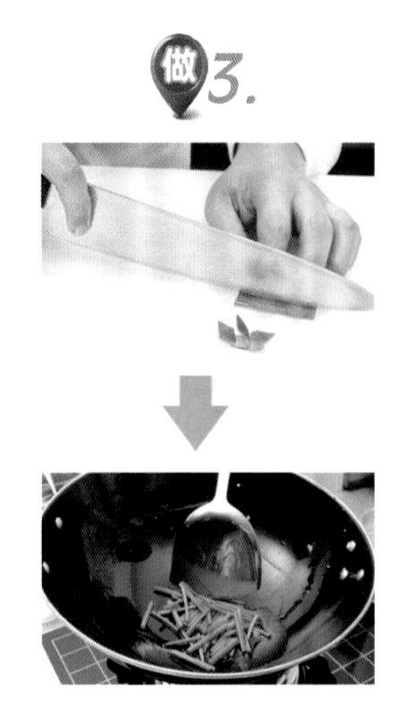

27 葱油蚕豆 20分钟

选1.

嫩蚕豆250克，葱叶50克，精盐、味精、香油各1/2小匙，植物油4小匙。

备2.

嫩蚕豆去皮后，将其一分为二呈豆瓣状，放入水中淘洗净，锅中烧水至沸腾，放入蚕豆瓣煮至完全成熟时捞起，入冷水中过凉。

做3.

葱叶洗净，切成葱花；锅中加油烧热，放入葱叶炒香，起锅过滤、晾凉；将嫩蚕豆放入盆中，加入精盐、味精拌匀，再加入香油、葱油充分拌匀，装盘即可。

28 葱油芥蓝 20分钟

多嘴多舌

本菜中鲜露如果家中没有备好，可以换为料酒或者少量的美极鲜酱油来代替，在口味上虽有变化，但也是别具风味的。

选1.

鲜芥蓝400克，青椒丝、红椒丝各少许，葱丝5克，酱油2大匙，白糖1大匙，鸡精、鲜露各1小匙，胡椒粉少许，植物油3大匙。

备2.

酱油、白糖、鸡精、鲜露、胡椒粉调匀，制成“白灼汁”；芥蓝洗净，切条，入水焯透，捞出装盘，撒上葱丝、青椒丝、红椒丝。

做3.

锅中加油烧热，淋在芥蓝上，再将调好的“白灼汁”烧沸，浇在盘中即可。

选购储存

芥蓝的选购，挑选芥蓝不要选茎太粗的，否则容易老。另外最好挑节间较疏，苔叶细嫩浓绿，无黄叶的。

29 葱油苦瓜 20分钟

选 1.

苦瓜1根（约重150克），葱头25克，精盐、味精各1/2小匙，植物油4小匙，食用碱适量。

备 2.

选根条直、粗细均匀、色绿的苦瓜洗净，对剖、去籽，切成条。

做 3.

沸水锅中放入苦瓜条焯水，捞出；葱头放入热油中，小火慢炒香，盛于碗内，将精盐、味精、葱油一同调匀，再与苦瓜条拌匀即可。

本菜要点，葱头在下入热油中炒制时，应注意油温和火候的控制，在油温3~4成热时放入葱头，用小火炒香。

小贴士

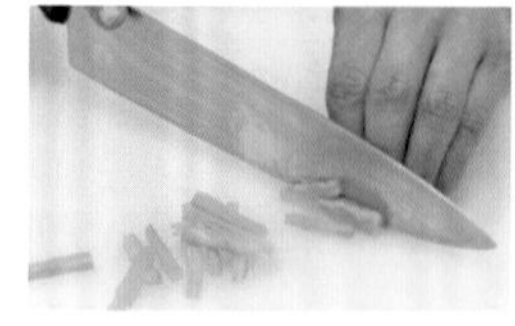

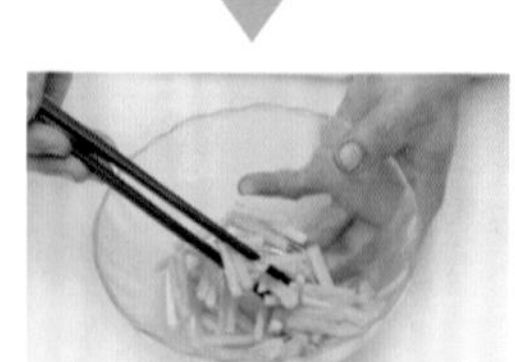

30 葱油甜椒 15分钟

选 1.

甜椒250克，葱花30克，精盐、香油各1小匙，味精1/3小匙，植物油4小匙。

备 2.

锅置火上，加入植物油烧热，出锅倒在葱花碗内制成葱油。

做 3.

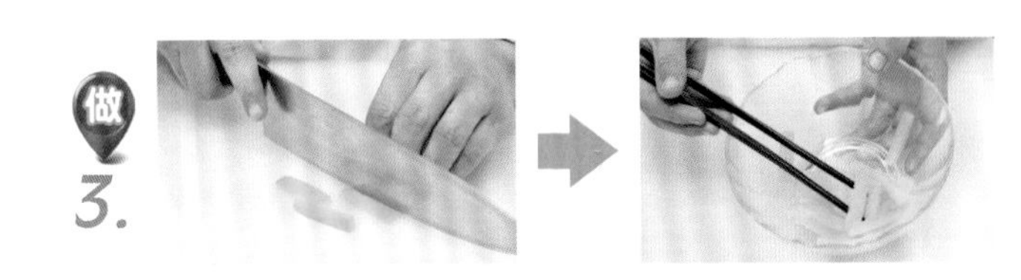

甜椒洗净，捞出沥水，放入沸水锅内焯至断生，捞出切成长条状，装入碗内，加入葱油、精盐、味精、香油拌匀，装盘上桌即成。

本菜中葱油的制作需要注意，油温最多不超过七成热，因为过热的油会将葱花烫焦破坏葱油的色泽和味道。

小贴士

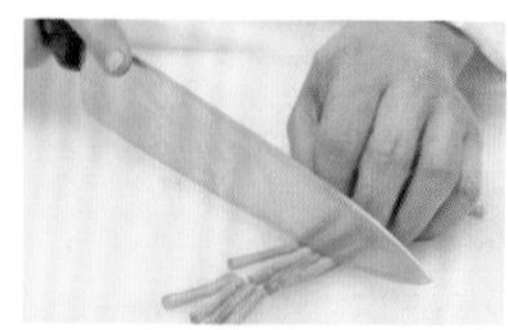

31 醋汁豇豆

选1.

豇豆150克，老姜25克，精盐1小匙，味精1/2小匙，香醋4小匙，香油2小匙，冷鲜汤1大匙。

备2.

将豇豆撕去筋络，洗净、沥水，切成5厘米长的段；老姜去皮、洗净，切成碎粒。

做3.

沸水锅中放入豇豆段焯至断生，捞出放入大碗中，先加入精盐、香醋调匀，再淋入用鲜汤、姜粒、味精、香油调成的姜汁味汁拌匀，装盘上桌即成。

本菜中的冷鲜汤可以用少量的蚝油或者是鸡精加少量清水调匀来代替。

小贴士

32 翠笋拌玉蘑 15分钟

多嘴多舌 本菜在最后拌制时应注意将调料拌匀且均匀地挂在食材上，方法是用筷子顺时针由下至上地翻拌。

选 1.

芦笋300克，口蘑100克，胡萝卜50克，精盐1/2大匙，味精1/2小匙，植物油1小匙。

备 2.

芦笋去根、去老皮，洗净，斜切成片；口蘑择洗干净，切成片；胡萝卜去皮，洗净，切成片。

做 3.

锅中加入清水、精盐、植物油烧沸，放入口蘑片、胡萝卜片、芦笋片焯烫约2分钟，捞出放入大碗中，加入米醋、味精、精盐即可。

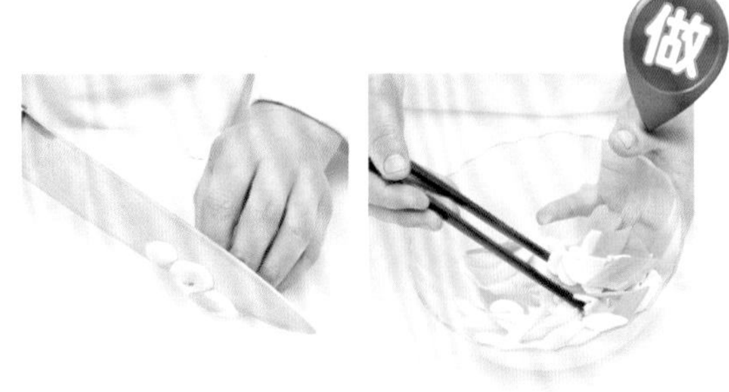

33 白果拌芦笋 20分钟

多嘴多舌 白果营养小科普：白果是营养丰富的高级滋补品，含有粗蛋白、粗脂肪、还原糖、核蛋白、矿物质、粗纤维及多种维生素等成分。

选 1.

芦笋300克，白果100克，精盐、味精、白糖、香油各1小匙，蚝油少许，植物油适量。

备 2.

白果洗净，剥去外壳，放入热油锅中滑透，捞出沥油；芦笋洗净，切段，放入沸水锅中焯烫一下，捞出沥干。

做 3.

将白果仁、芦笋段一同放入大碗中，加入蚝油、味精、白糖、精盐翻拌均匀，再淋上香油，即可装盘上桌。

备2.

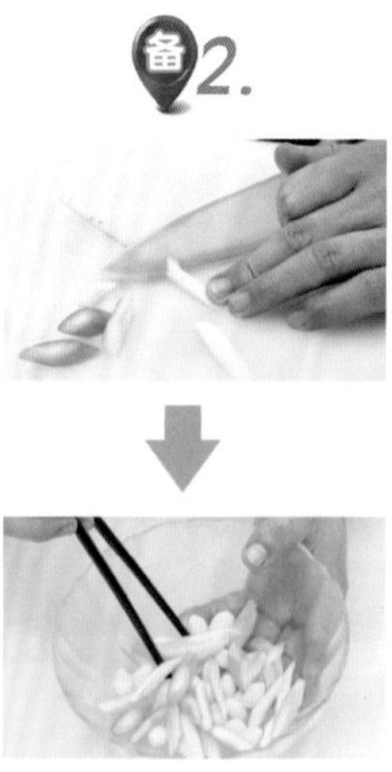

34 蛋黄拌瓜条 20分钟

选 1.

黄瓜250克，熟咸蛋黄酱50克；精盐、味精、香油各1/2小匙，植物油4小匙。

备 2.

黄瓜去皮、瓤洗净后，切成条，加入少许精盐拌匀，去除瓜条过多水分，使之质地更加脆嫩。

做 3.

将瓜条放入精盐、味精，再放入蛋黄酱，充分拌匀后，整齐地摆放入盘内即成。

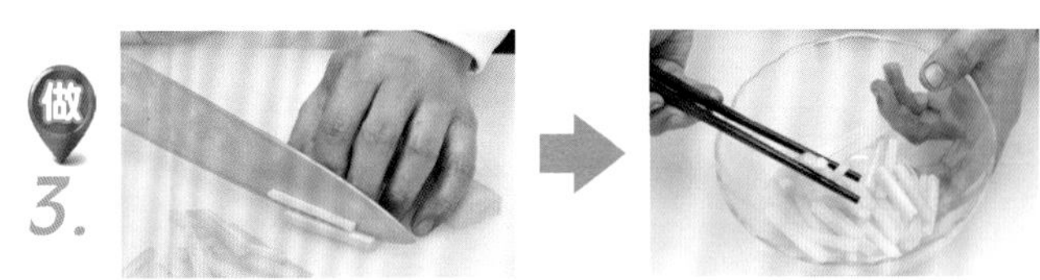

多嘴多舌

本菜可以将用料适当调整，比如咸蛋黄酱换为千岛酱，味精、精盐换为白糖，本菜就成了黄瓜沙拉。

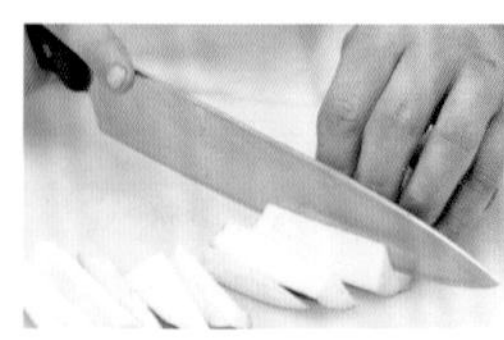

35 东北酱茄子 20分钟

选1.

茄子400克，猪肉末100克，葱末、蒜末各少许，辣椒段5克，黄酱2大匙，味精1小匙，酱油1/2大匙，水淀粉适量，植物油1000克。

备2.

茄子去蒂，用清水浸泡并洗净，捞出沥净水分，切成长条，放入烧至六成热的油锅内炸至透，捞出沥油。

做3.

锅留底油烧热，先下入猪肉末炒至变色，再放入葱末、蒜末和辣椒段炒香，然后加入黄酱、酱油炒匀，放入茄条，烧至入味，最后加入味精，用水淀粉勾芡即可。

Tips 本菜要点，茄子过油时需要留意油温和过油时间，如拿捏不准可硬性计时10秒即可。

小贴士

36 冬瓜八宝汤 20分钟

选 1.

冬瓜300克，干贝、虾仁、猪肉各50克，胡萝卜20克，干香菇3朵，葱段15克，精盐1小匙。

备 2.

冬瓜洗净，去皮，切块；胡萝卜洗净，切块；虾仁洗净；猪肉洗净，切片；干香菇泡软，切成小块；干贝用清水泡软，捞出沥干。

做 3.

锅中加入适量清水，先下入干贝、虾仁、肉片、香菇、冬瓜、胡萝卜烧沸，再转小火续煮5分钟，然后加入精盐煮匀，撒上葱段即可。

Tips 口味较清淡，可依个人口味不同，加入少许胡椒粉和鸡精提鲜。

小贴士

37 冬笋拌荷兰豆 20分钟

选 1.

荷兰豆荚300克，冬笋100克，蚝油、香油各1小匙，精盐1/2小匙，味精、白糖各1小匙。

备 2.

把荷兰豆荚择去两头尖角，洗净，沥去水分；冬笋洗净，沥去水分，切成均匀的丝，放入沸水锅中焯烫；荷兰豆荚切丝。

做 3.

荷兰豆荚、冬笋丝拌匀，再加入精盐、味精、白糖，淋入蚝油、香油，拌匀即可。

本菜在原料切丝、洗净之后要注意放入空盘中沥水，在保证卫生的同时也可以避免影响口味。

小贴士

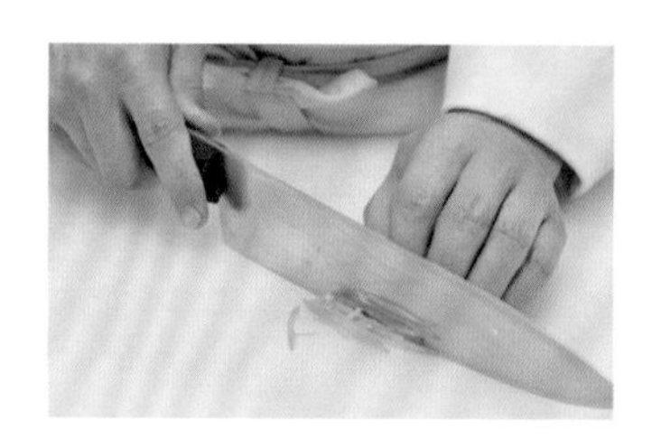

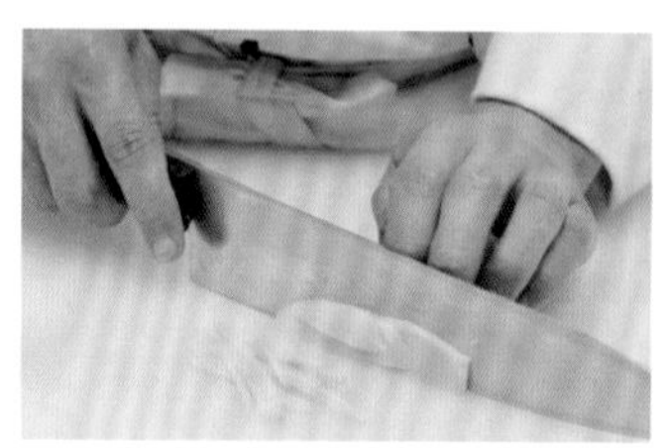

选购储存

豌豆的挑选：老豌豆质地比新鲜豌豆更硬一些，用手捏碎豌豆，新鲜豌豆的两瓣豆肉不会明显分开，而老豌豆的两瓣豆肉会自然分开。

38 豆瓣茄子 30分钟

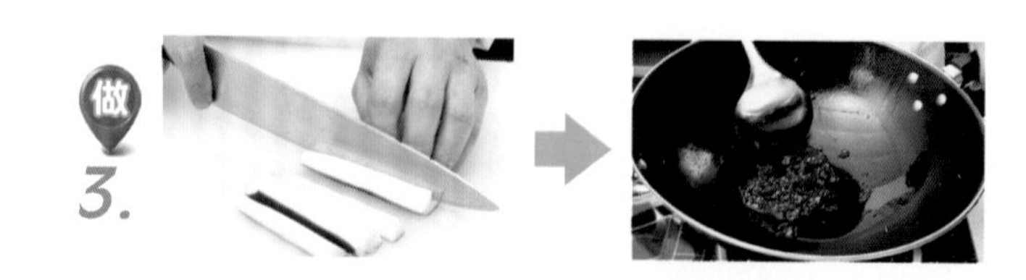

选1.

茄子300克，葱段10克，蒜片5克，白糖、豆瓣酱各2小匙，植物油1000克(约耗50克)。

备2.

茄子去蒂，洗净，切成小条，放入清水中浸泡5分钟，捞出沥水；锅中加油烧热，放入茄条炸软，捞出沥油。

做3.

锅留油烧热，先下入葱段爆香，再加入豆瓣酱炒香，然后放入茄条烧至入味，加入蒜片和白糖炒匀，出锅装盘即可。

多嘴多舌 本菜口味相对浓厚，因为放入了豆瓣酱所以在操作步骤中没有添加精盐，如果口重的朋友可以将豆瓣酱换为郫县豆瓣酱，再适当加入少量精盐。

39 剁椒鲜茄条

25分钟

1.

茄子250克，青尖椒50克，小米辣椒20克，精盐2小匙，味精1小匙，植物油3大匙。

备2.

小米辣椒剁细；茄子洗净，改刀成条，放入蒸笼蒸至成熟、清香味溢出时，取出晾凉。

做3.

青尖椒洗净，剁细，加入精盐、味精、小米辣椒末、植物油调匀；将茄条摆放盘中，淋上调味汁即成。

本菜中小米辣椒也就是俗称的泰椒，口味鲜辣、清香的同时富含了强烈的辣味，如果口味清淡的朋友可以将其换为红彩椒。

小贴士

40 剁椒蒸大白菜

20分钟

多嘴多舌

本菜留意，大白菜在焯水时注意控制时间，因为过久焯烫会使大白菜损失大量水分和营养，个人建议如果控制不好时间，尽可能缩短焯水时间即可。

选 1.

大白菜心500克，剁椒75克，葱末、姜末、蒜末各5克，蒸鱼豉油、胡椒粉各1小匙，植物油适量。

备 2.

将大白菜心洗净，切成6瓣，下入沸水锅中烫至五分熟，捞出沥水，码放在盘内。

做 3.

锅中加油烧热，下入剁椒、精盐、味精、蒜末和蒸鱼豉油，用小火煸炒，出锅浇在白菜心上，将白菜心放入蒸锅中，用旺火蒸8分钟，取出，撒上葱末即成。

备2.

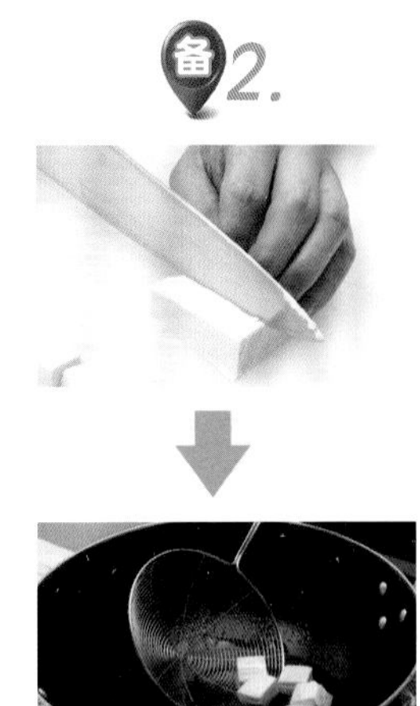

41 西红柿炒豆腐

20分钟

多嘴多舌 本菜在操作中使用了鲜汤这一用料，如果家中没有提前备好，可以加入1小匙鸡精与少量清水代替，如果在菜品炒制过程中没有出现干锅的情况，那么也可以省却添加清水的步骤。

选1.

豆腐350克，西红柿100克，青豆粒15克，精盐、味精各1/2小匙，白糖、料酒各1小匙，鲜汤150克，水淀粉2小匙，植物油2大匙。

备2.

豆腐洗净，切块，再放入沸水锅中焯透，捞出沥干；将西红柿洗净，用沸水略烫一下，切丁，加入少许精盐稍腌片刻；青豆粒洗净沥干。

做3.

锅中加油烧热，先下入西红柿丁、青豆粒、豆腐块炒匀，然后烹入料酒，添入鲜汤，加入精盐、白糖、味精翻炒至收汁，再用水淀粉勾芡，即可出锅装盘。

42 粉蒸南瓜 25分钟

多嘴多舌

本菜要点：本菜相对耗时，因为想将南瓜蒸透需要一定时间，如果想加速操作可以将南瓜放入高压锅中压10分钟，在节省了一定时间的同时，也保证了南瓜的松软度。

1.

南瓜200克，牛肉100克，粉丝适量，豌豆50克，鸡蛋2个，精盐、味精、海鲜酱油、白糖、花椒粉、淀粉各适量。

备 2.

南瓜去皮，洗净，切条，放入碗中；牛肉洗涤整理干净，切成细条，放入碗中，加入精盐、味精、淀粉、鸡蛋液抓匀上浆。

做 3.

南瓜条、牛肉条加入海鲜酱油、花椒粉、精盐、白糖及少许清水调匀，再放入粉丝、豌豆拌匀；沸水锅中放入南瓜条，用大火蒸约15分钟，关火后取出南瓜条，撒上葱花即可。

选购储存

南瓜的选购：新鲜的南瓜外皮和质地很硬，用指甲掐果皮，不留指痕，表面比较粗糙，虽然不太好看，但口感可能反而会好。

43 干煸苦瓜

选1.

苦瓜400克，猪腿肉100克，芽菜20克，葱花、姜末各5克，精盐1小匙，味精1/2小匙，植物油2大匙。

备2.

将苦瓜洗净，切成小条，再放入热锅中煸至稍软，盛入盘中；猪腿肉洗净，剔去筋膜，切成细末；芽菜洗净，切成碎末。

做3.

锅中加油烧热，下入葱花、姜末炒香，再放入猪肉末、芽菜末略炒，下入苦瓜条炒匀，再加入精盐、味精炒熟至入味，即可出锅装盘。

苦瓜的营养价值极高，含有多种营养成分，富含维生素B_1，具有预防和治疗脚气病，维持心脏正常功能，促进乳汁分泌和增进食欲等作用。

小贴士

44 干煸荷兰豆 20分钟

选 1.

荷兰豆500克，猪肉馅100克，芽菜末(或冬菜末)50克，精盐、味精各1/2小匙，酱油1大匙，料酒1小匙，植物油2大匙。

备 2.

荷兰豆撕去老筋，掰成两段，用清水洗净；锅中加油烧热，先下入猪肉馅煸干水分，盛入碗中，再放入芽菜末炒香，捞出沥油。

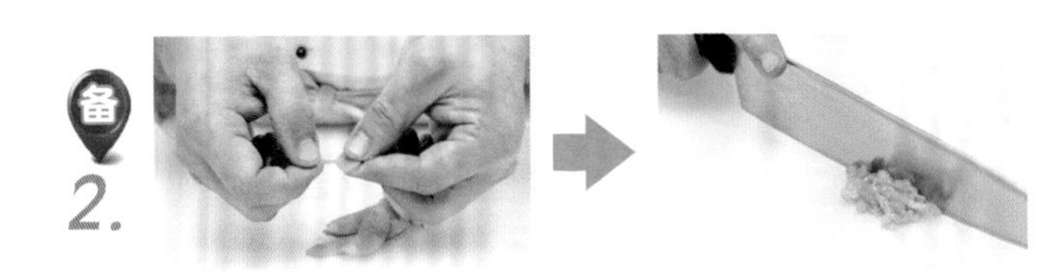

做 3.

净锅置火上，加油烧热，先下入荷兰豆略炒，再放入猪肉馅、芽菜末、料酒煸香，然后加入酱油、精盐、味精炒匀入味即可。

荷兰豆富含赖氨酸，赖氨酸是人体需要的一种氨基酸，一种不可缺少的营养物质，是人体必需氨基酸之一，能促进人体发育、增强免疫功能，并有提高中枢神经组织功能的作用。小贴士

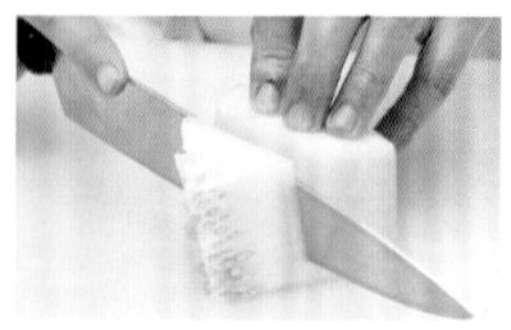

45 海米烧冬瓜 20分钟

选 1.

冬瓜600克，海米15克，葱段、姜片、葱花各10克，精盐、味精各1/2小匙，鲜汤3大匙，水淀粉、植物油各1大匙。

备 2.

将冬瓜去皮，去瓤，洗净，切成长方形小块，洗净，沥干；海米用温水泡软。

做 3.

锅中加油烧热，先下入葱段、姜片、海米、冬瓜块煸炒至稍软，再添入鲜汤，加入精盐、味精炒至入味，然后用水淀粉勾芡，盛入盘中，撒上葱花即可。

Tips 冬瓜富含铜，铜是人体健康不可缺少的微量营养素，对于血液、中枢神经和免疫系统，头发、皮肤和骨骼组织以及脑子和肝、心等内脏的发育和功能有重要影响。小贴士

46 海米圆白菜

15分钟

多嘴多舌 本菜的时间指的是操作时间，并非包含了所有的准备工作。此外这道菜品中需要提前准备的是海米的泡软工作，需要用温水提前浸泡10～15分钟，泡海米的原汁也可以炒于菜中来起到提鲜的作用哦。

选 1.

圆白菜(甘蓝)350克。海米20克，蒜末10克，虾油、香油各1/3小匙，精盐1小匙。

备 2.

把圆白菜洗净，沥去水，切成3厘米长、1厘米宽的条，放入大瓷碗中，加入精盐拌匀，腌渍片刻，取出，沥去水；把海米放入碗中，泡软。

做 3.

把圆白菜条放入沥净水的大瓷碗中，加入海米、味精、蒜末、虾油、香油，拌匀即可。

47 海味芹菜 20分钟

多嘴多舌

本菜中料酒的添加可依照个人口味来适当调节，因为料酒香型相对沉厚，用量过大会覆盖食材原有的香味，如不适应也可以选择不加此料。

选 1.

芹菜250克，海米25克，葱末、姜末各5克，精盐、味精各少许，料酒2小匙，水淀粉、植物油各适量。

备 2.

将芹菜去叶及老根，洗涤整理干净，抹刀切成3厘米长的段，下入沸水中焯透，捞出冲凉，沥干水分；海米用清水泡发回软，洗净。

做 3.

锅中加油烧热，放入葱末、姜末炒香，再下入海米略炒，然后加入精盐、味精，再放入芹菜段炒匀，用水淀粉勾芡，即可出锅装盘。

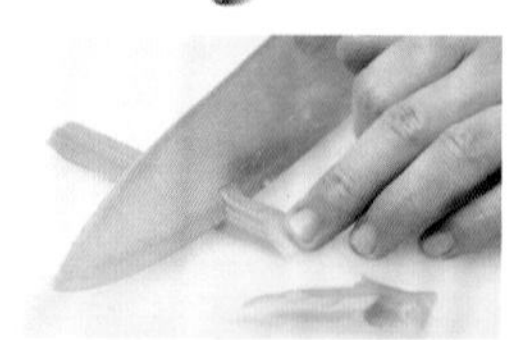

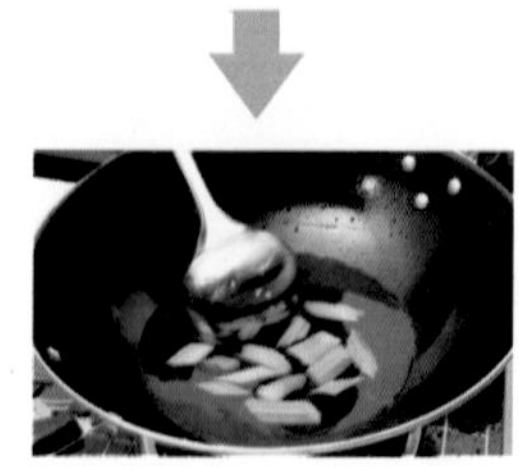

48 红油扁豆 20分钟

选 1.

扁豆400克，姜末10克，红干椒段5克，精盐、味精、植物油各适量。

备 2.

将红干椒段加入姜末拌匀；锅中加油烧热，出锅倒入盛有姜末、辣椒段的小碗中，用筷子搅拌均匀成辣椒油。

做 3.

扁豆洗净，切段，放入沸水锅中焯烫，捞出放入大瓷碗中，加入适量精盐、味精，淋入辣椒油拌匀即成。

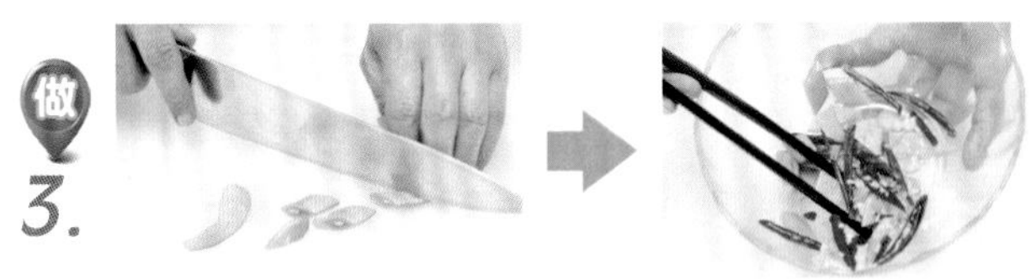

多嘴多舌

辣椒油的制作需要注意油温，大概控制在3～5成热左右，过热的话会将辣椒炸黑，从而影响口味。如果选择的是豆油，那么需要提前加热一遍，将豆油炸成熟油后，晾凉，再次加热淋入辣椒碗中。

49 红油双嫩笋尖 20分钟

选1.

莴笋尖500克，红干椒段40克，花椒25粒，花椒末、味精各少许，精盐、酱油各1大匙，辣椒油2大匙，植物油70克。

2.

莴笋尖洗净，先切成段，再切成四牙瓣，用沸水焯烫一下，捞出过凉，码入盘中。

做3.

锅中加油烧热，下红干椒段、花椒炸香，浇淋在笋尖盘中，闷约10分钟，取小碗，加入酱油、精盐、味精、辣椒油、花椒末调匀，制成味汁，浇入盘中拌匀即可。

本菜需要注意的是青笋的焯烫步骤，焯烫时间不宜过长，会导致莴笋中营养的流失，时间大概控制在1~2分钟之间。

小贴士

50 滑菇炒小白菜

15分钟

小白菜300克，滑子蘑200克，蒜片5克，精盐1小匙，味精、鸡精各1/2小匙，水淀粉适量，植物油1大匙。

小白菜去根，洗净，沥干水分；滑子蘑择洗干净，放入沸水锅中焯透，捞出沥水。

锅中加油烧热，先下入蒜片炒香，再放入小白菜、滑子蘑炒匀，加入精盐、味精、鸡精调味，用水淀粉勾芡，出锅装盘即可。

本道菜品制作时需要控制好火候，大概使用中火即可，因为过高的火温会迅速将小白菜中的水分烫出，影响味道和成色。

小贴士

51 黄豆芽炒榨菜 20分钟

1.

黄豆芽300克，榨菜100克，葱末、姜末各10克，味精1小匙，白糖1/2小匙，酱油、料酒各1大匙，水淀粉2小匙，植物油2大匙。

备 2.

将黄豆芽择洗干净；榨菜洗净、切丁，用温水浸泡20分钟，捞出沥干。

做 3.

锅中加油烧热，先下入葱、姜炒香，再放入黄豆芽煸炒至软，加入榨菜丁、酱油、白糖、味精炒熟，再用水淀粉勾薄芡，即可出锅装盘。

本菜由于榨菜的咸淡程度不同，可以依据个人口味适当调整酱油的用量，在炒制过程中也可以放入少量清水或清汤。

小贴士

选购储存

本菜由于使用了含盐较高的榨菜所以储存就不多描述了。在黄豆的选购上，优等黄豆大多为体态饱满、色泽黄亮，购买前应先多观察了解黄豆的新鲜程度。

52 黄瓜拌豆干 20分钟

选 1.

黄瓜250克，豆干10块，黄豆50克，红辣椒1根，辣椒油1小匙，植物油2大匙，精盐1/2小匙。

备 2.

豆干以热水烫过，切丁；黄瓜、红辣椒去蒂、洗净，切丁待用；将黄豆洗净，泡水2小时，再放入蒸锅中蒸熟，取出备用。

做 3.

将黄豆、红辣椒丁、豆干丁、黄瓜丁加入辣椒油、精盐拌匀，盛入盘中即可。

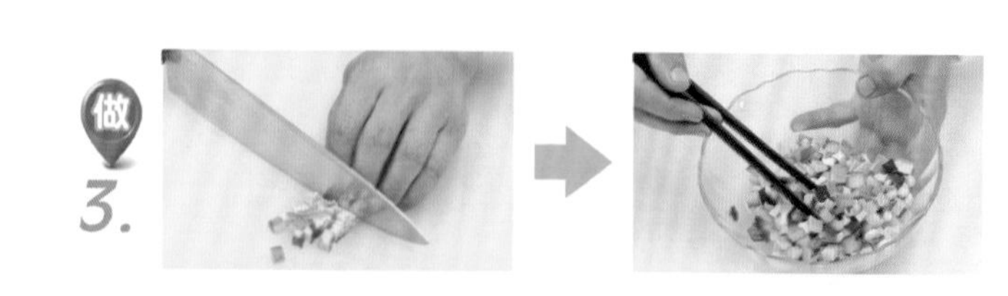

多嘴多舌 本菜为炝拌做法，如不喜欢辣味的读者，可以将本菜中的辣椒油换为香油或花椒油，使用不同的油品会带来不同的味觉享受。

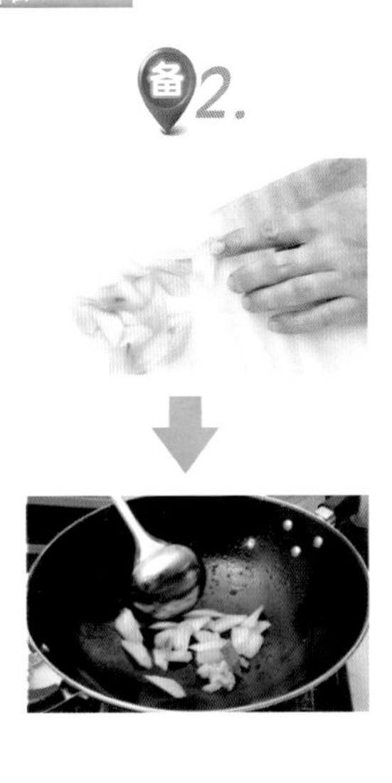

53 黄瓜炒虾仁 20分钟

选1.

黄瓜350克，虾仁150克，精盐1小匙，味精1/2小匙，小苏打粉、水淀粉各适量，植物油2大匙。

将虾仁去沙线，洗净沥干；黄瓜去皮、洗净，切成斜刀片；分别放入沸水锅中焯烫一下，捞出冲凉。

做3.

净锅上火，加油烧热，先放入虾仁、黄瓜片略炒，再加入精盐、味精炒至入味，然后用水淀粉勾芡，即可出锅装盘。

Tips 本菜中黄瓜的炒制需要特别留意，不需要翻炒过久，过多地加热会使黄瓜出水，影响口感、口味和营养。

小贴士

54 家常炒双冬 20分钟

多嘴多舌 本菜品味道相对鲜香，在炒制的过程中，可以适量添加少量的白糖和米醋提鲜，一定程度上将本菜的口味从鲜咸改为酸甜，吃起来也是别有风味的。

选1.

鲜冬菇500克，冬笋200克，红椒末20克，葱片10克，精盐1小匙，鸡精1/2小匙，酱油1大匙，植物油2大匙。

备2.

将冬菇放入淡盐水中浸泡10分钟，去蒂、洗净，切成小块；冬笋去壳、洗净，切成小块。

做3.

炒锅置火上，加油烧热，先下入葱片炒香，再放入冬菇块、冬笋块翻炒2分钟，然后加入精盐、鸡精、酱油炒匀，再出锅装盘，撒上红椒末即可。

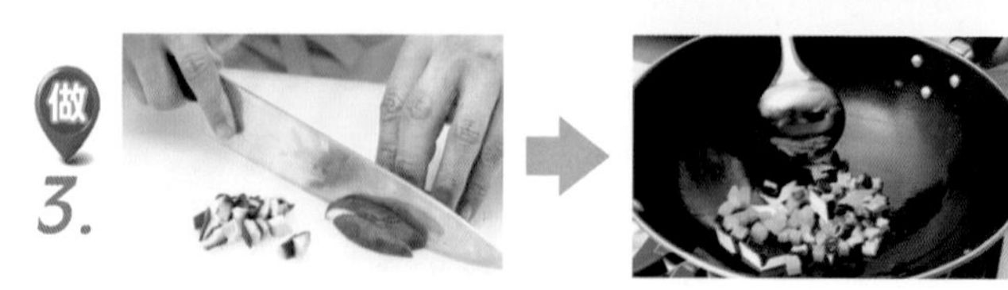

55 圆蘑炝拌菜心

20分钟

多嘴多舌

本菜味道略有辛辣，如有不喜此类味道的朋友，可以将备料中的花椒油改为香油，这样既适宜了口味也增添了别样的味道。

选1.

菜心250克，口蘑100克，胡萝卜50克，蒜末10克，花椒油1大匙，精盐2小匙，味精适量。

备2.

菜心去根，洗净，切段；口蘑洗净，切成小片；胡萝卜洗净，削去外皮，先顺切成两半，再横切成半圆形的片。

做3.

沸水锅中下入口蘑片、胡萝卜片和菜心段焯烫，捞出，将菜心段、口蘑片、胡萝卜片加入蒜末、味精、精盐拌匀，再淋入烧热的花椒油调匀，装盘上桌即可。

56 鱼香脆茄子

30分钟

多嘴多舌 本菜中茄子的过油需要特别注意两点，茄子入锅时的油温和时间。油温大致在3～4成热时为佳，时间在1分钟左右即可。

选 1.

圆茄子400克，青椒、红椒各50克，姜丝、蒜末各10克，葱花5克，精盐2小匙，淀粉3大匙，白糖、豆瓣酱、酱油各1/2大匙，米醋、料酒、水淀粉各1大匙，植物油适量。

备 2.

青椒、红椒洗净，切条；茄子去皮、洗净，切条，加入淀粉拌匀；将酱油、料酒、米醋、白糖、味精、葱花、姜丝和少许蒜蓉调匀成味汁。

做 3.

锅中加油烧热，放入茄子条炸至浅黄色，捞出；锅中加油烧热，放入豆瓣酱和味汁炒匀，用水淀粉勾薄芡，撒入剩余蒜末，倒入茄子条和青红椒条炒匀即可。

茄子以果形均匀周正，老嫩适度，无裂口、腐烂、锈皮、斑点，皮薄、籽少、肉厚、细嫩的为佳品。嫩茄子颜色发乌暗，皮薄肉松，重量少，籽嫩味甜，籽肉不易分离，花萼下部有一片绿白色的皮。

57 泡菜凉瓜 20分钟

选1.

苦瓜150克，泡酸菜50克，甜椒30克，精盐1/3小匙，味精1/4小匙，香油2小匙，植物油2小匙。

备2.

将苦瓜洗净后对剖，挖去瓤心，切条；泡酸菜冲洗干净，与甜椒切成条状。

做3.

锅置旺火上，掺入适量清水，烧沸后放入植物油，下苦瓜条、泡酸菜条、甜椒条，焯至断生，捞起放入精盐、味精、香油，拌匀即成。

本菜品制作时应注意每种用料的大小，比如苦瓜条的长度和泡酸菜、甜椒的长度最好保证相同，这样在拌制时更易保证调料的均匀吸附。

小贴士

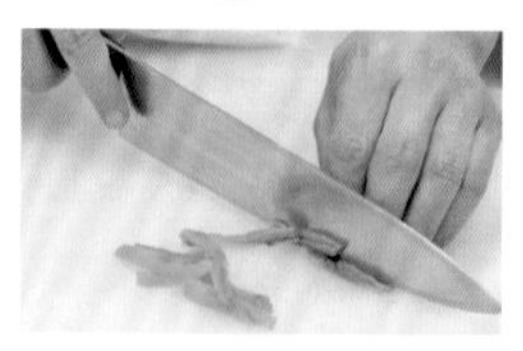

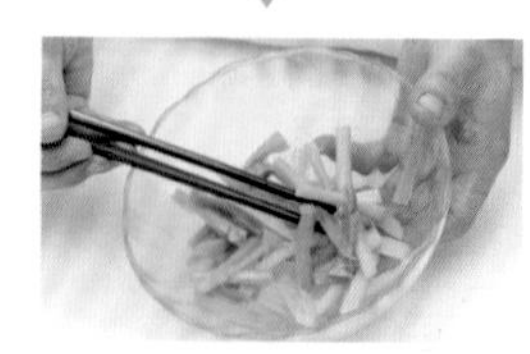

58 泡椒嫩南瓜 20分钟

选 1.

嫩南瓜300克，泡辣椒30克，葱花5克，精盐、味精各1/2小匙，植物油2大匙。

备 2.

南瓜去皮及瓤，洗净，切丝，放入沸水锅中焯至断生，捞出晾凉；泡辣椒去蒂及籽，洗净，切成粒，放入热油锅中炒香，出锅晾凉。

3.

将南瓜丝放入盘中，加入精盐、味精拌匀，再浇上炒好的泡辣椒粒，撒上葱花即可。

本菜中南瓜丝的焯水应当注意水温，是放入沸水锅中焯烫，而不是放入冷水锅中跟冷水一起加热直到烧沸。

小贴士

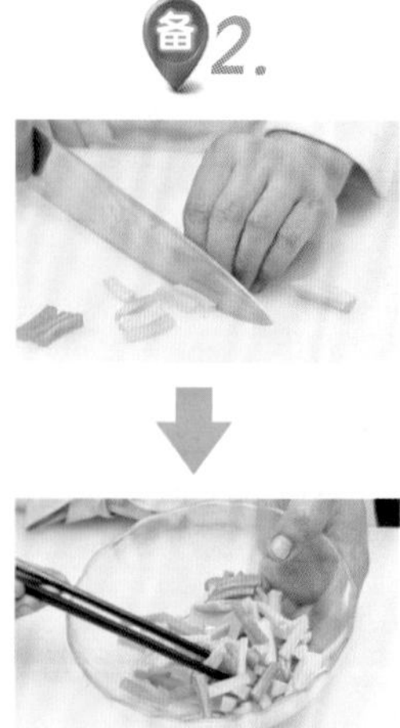

59 炝拌芥蓝

20分钟

选1.

芥蓝300克，胡萝卜100克，精盐适量，花椒油10克，味精1/2大匙，白糖1小匙，植物油2小匙。

备2.

将芥蓝去叶，削去外皮，洗净，切段；胡萝卜洗净，削去外皮，切条。

做3.

锅中加入清水，加入精盐、植物油烧沸，下入胡萝卜条、芥蓝段焯至熟透，捞出沥水，将芥蓝段、胡萝卜条放入碗中，加入精盐、味精、白糖，淋入花椒油拌匀即可。

Tips 胡萝卜的切条步骤，是先将胡萝卜切成块状，以便用手按住着力，然后再切成条状，不是直接切成条的哦。

Part 2
美味畜肉

畜肉初加工

churouchujiagong

各种家畜主要含有水分、蛋白质、脂肪、糖类、维生素和矿物质等。其中畜肉中的蛋白质主要是由许多人体不能合成的必须氨基酸所构成，它是决定畜肉食用价值的主要成分。

畜肉中含有钠、铁、磷、钙、镁等矿物质，一般瘦肉比肥肉含量多，而内脏又较瘦肉含量高。畜肉中维生素的含量虽然不多，但其中的B族维生素是人体所需要的，以瘦肉含量较多。

畜肉的选购

新鲜畜肉的表面有一层微微干燥的表皮，肌肉红色均匀，呈浅红色，有光泽，切面稍有湿润而无黏性，肉汁透明；肉质紧密而有弹性，指压后凹陷立即恢复，脂肪为白色。而变质畜肉的表面过分干燥，肌肉为暗色，有时呈浅绿色或灰色；切面过度潮湿和发黏，肉质松软且无弹力，表面及深层均有腐臭气味，脂肪呈乌灰色。

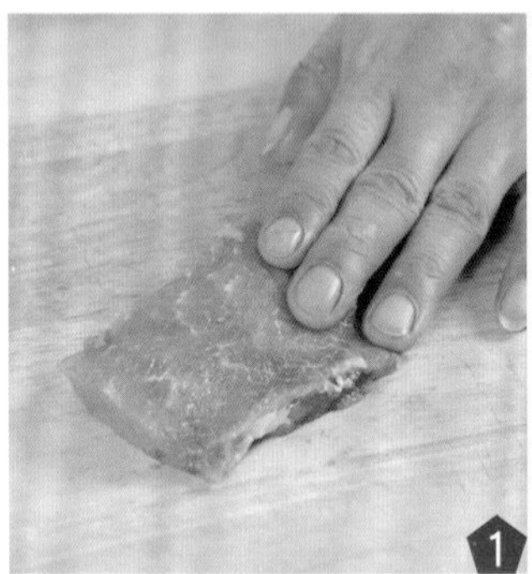

切片时左手扶稳，右手持刀。

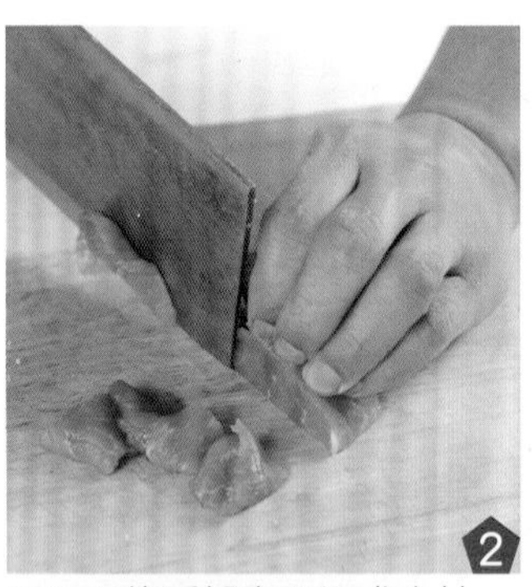

用刀刃的后部直刀切成大片。

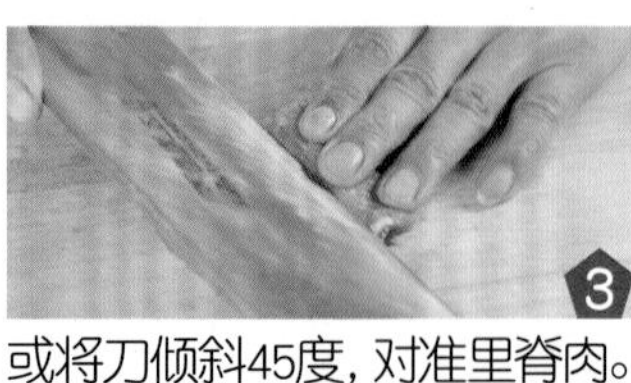

或将刀倾斜45度，对准里脊肉。

由上至下，将里脊肉片断。

1

先将里脊肉洗净，切成厚片。

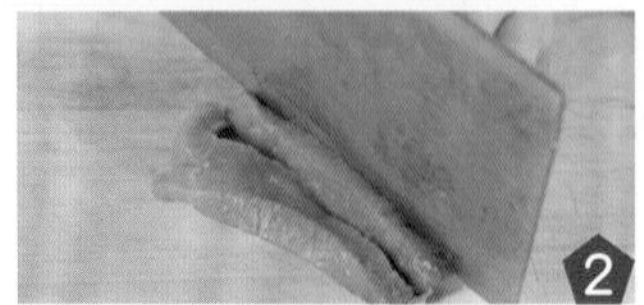

再将厚片切成长条状。

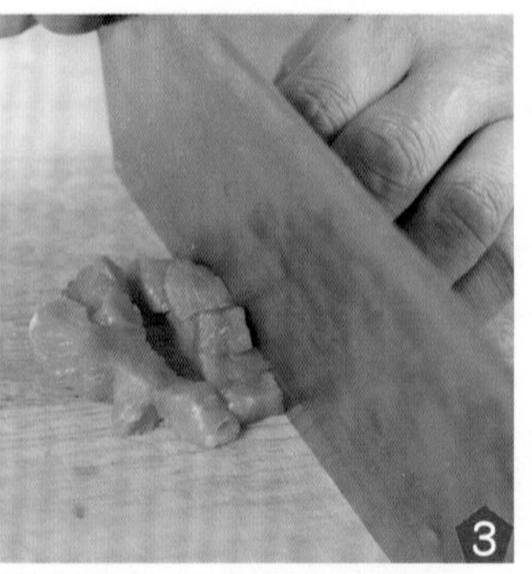

然后改刀切成正方体的丁。

大丁约2厘米，中丁1.2厘米。

麻花形里脊花刀

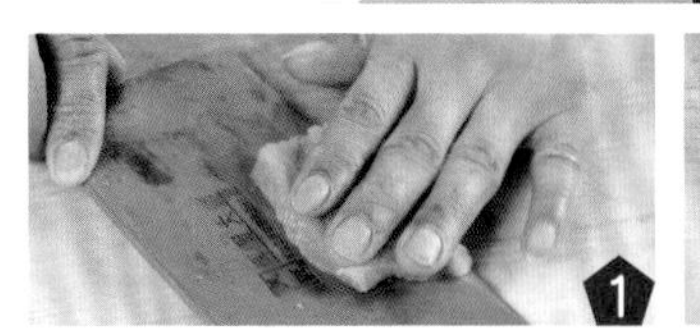
肉片切成段。

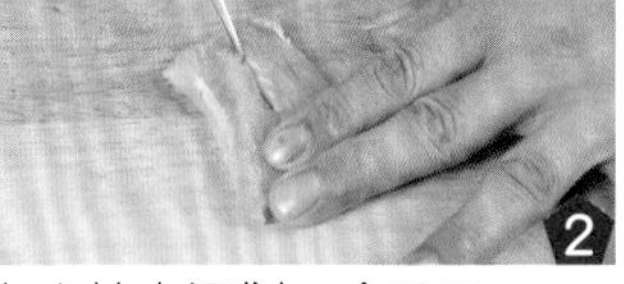
在肉片中间划一个刀口。

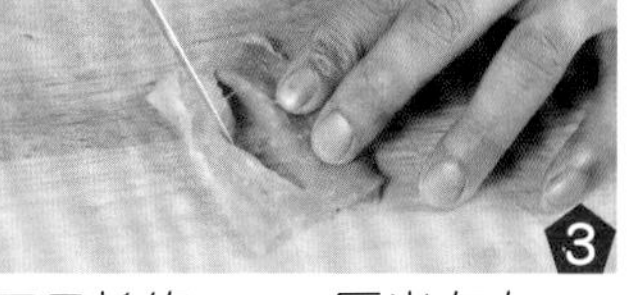
刀口长约3.5~4厘米左右。

在中间刀口两旁各划上一刀。

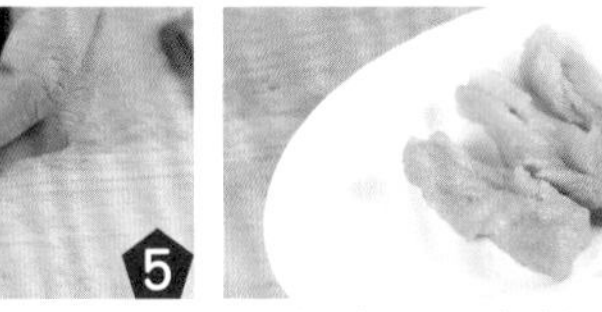
握住两端，将食材从中间穿过。

即成美观的麻花形花刀。

猪肉剁馅

将猪五花肉去皮、洗净。

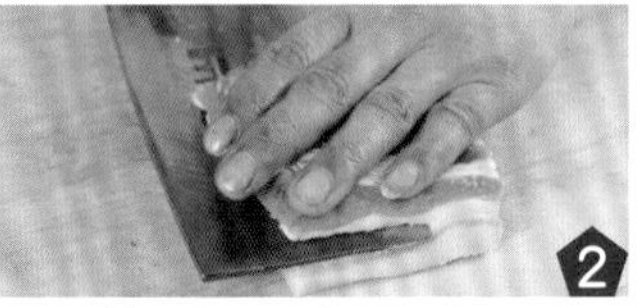
用刀片下肥膘肉。

先切成小粒，再剁成肥肉蓉。

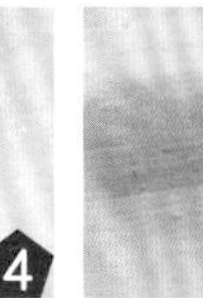
然后将瘦肉部分切成小粒。

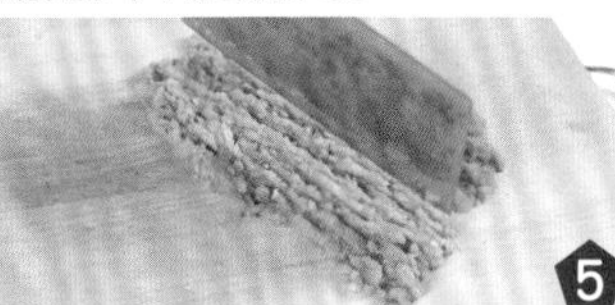
再剁成瘦肉蓉。

肥肉蓉和瘦肉蓉调拌均匀。

里脊肉切丝

①将里脊肉收拾干净，放在案板上。
②先用平刀法片成大薄片。
③再用直刀法切成丝状。
④丝的规格有两种：粗丝直径为3毫米，长为4～8厘米；细丝直径小于3毫米，长为4～6厘米。

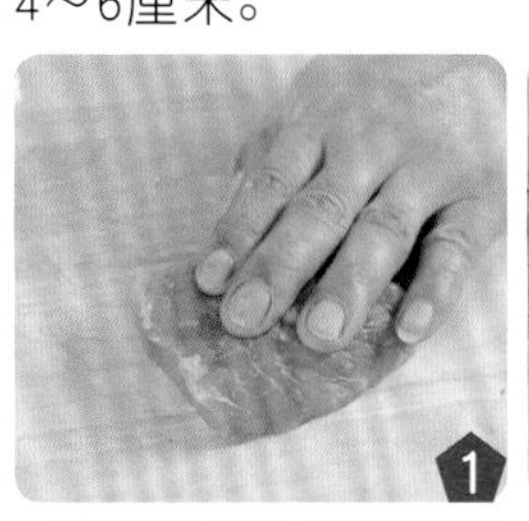
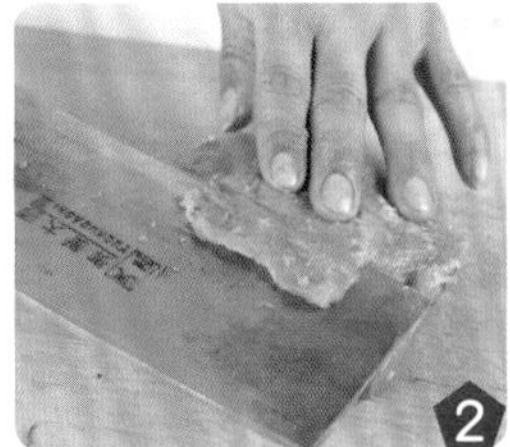
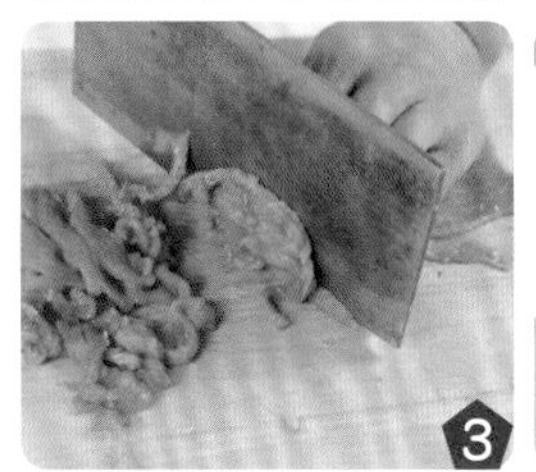
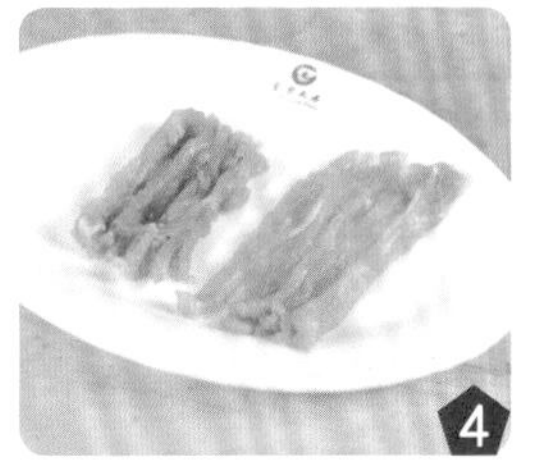

双直刀猪腰花

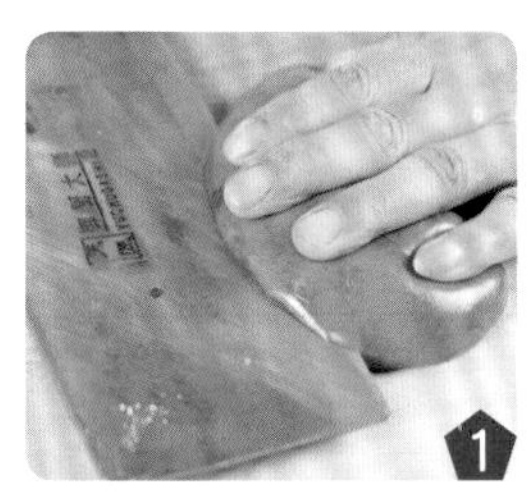
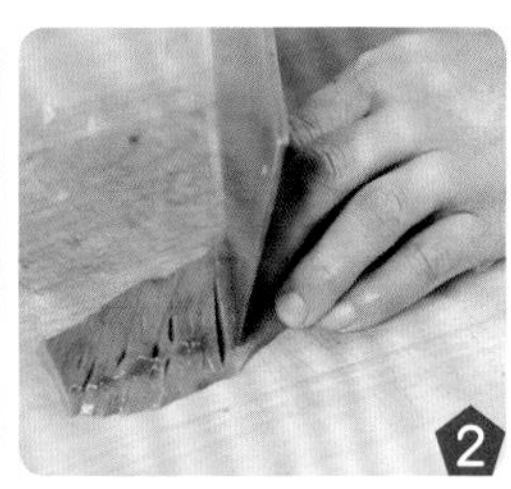
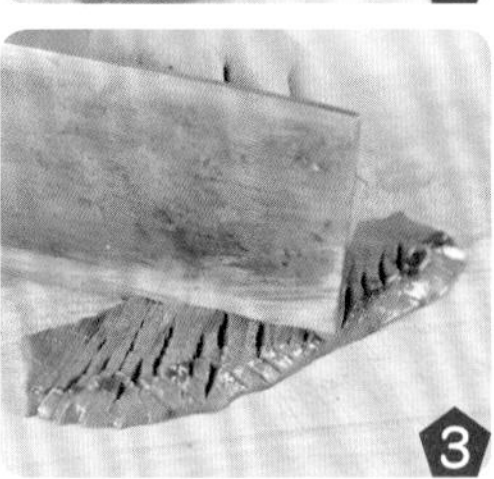
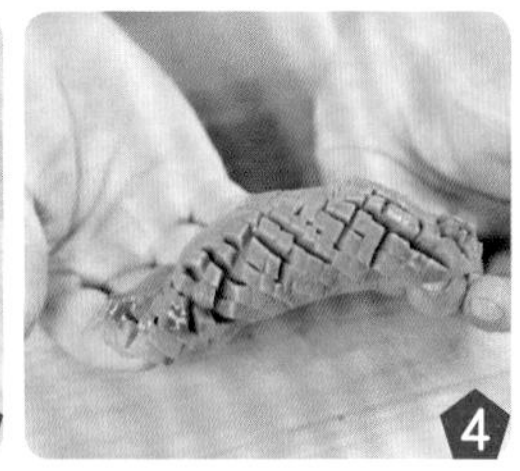

①将猪腰片成两半，去除白色腰臊，洗净沥干。
②先用直刀法在猪腰表面剞上一字刀。
③再转一个角度，继续用直刀剞上相交的刀纹。
④相交的刀纹以45度为宜。

斜直刀猪腰花

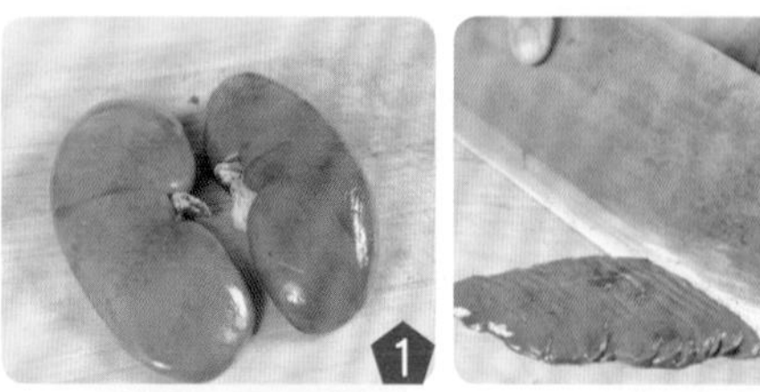
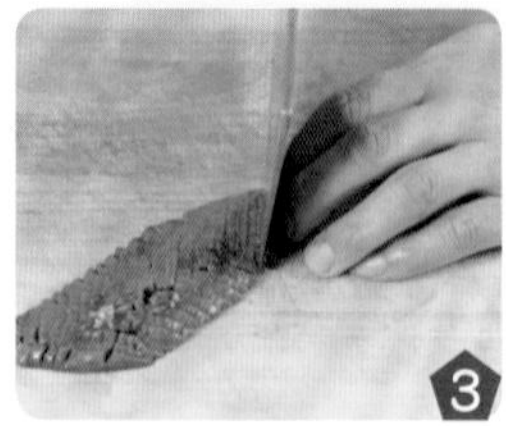
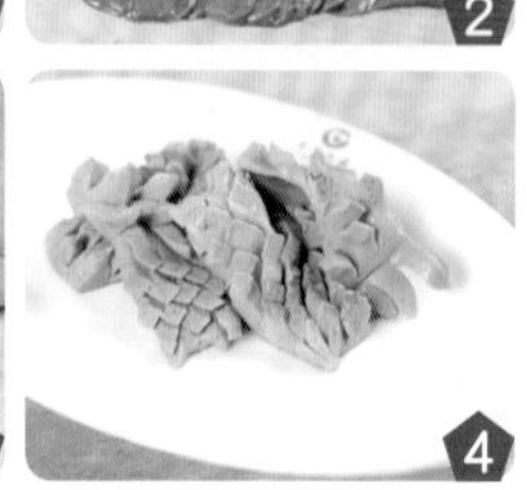

①将猪腰片成两半，去除腰臊，洗净沥干。
②先用斜刀法在猪腰表面剞上一字刀。
③再转一个角度，改用直刀剞上相交的刀纹。
④然后切块，放入沸水锅中略焯，捞出即可。

里脊肉切块

①将里脊肉去筋膜、洗净，放在案板上。
②先切成厚片或粗条。
③再用直刀切成3厘米左右的块。

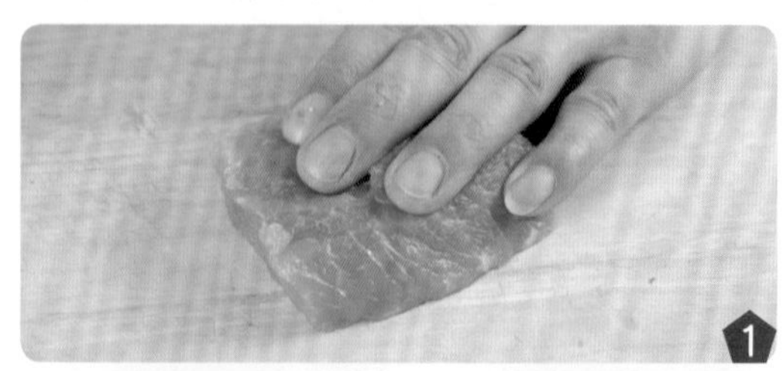
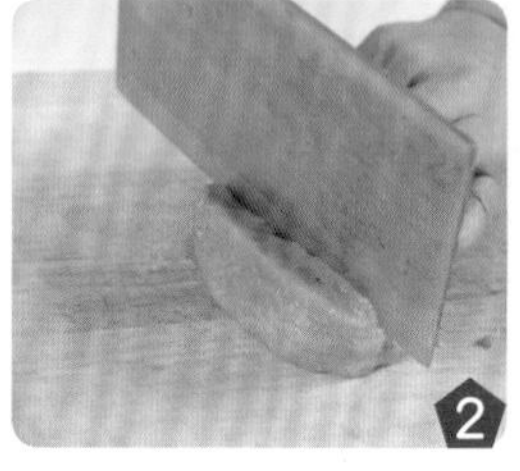
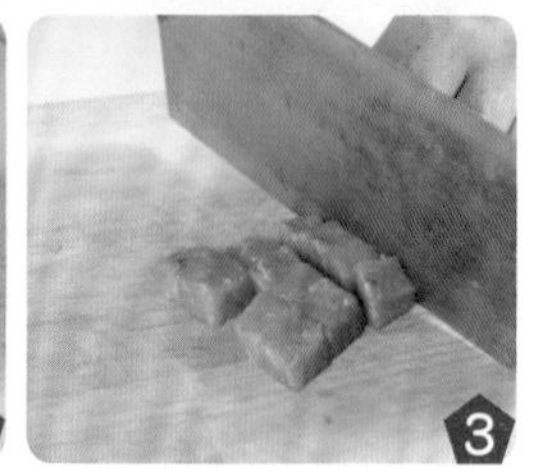

麦穗形猪腰花

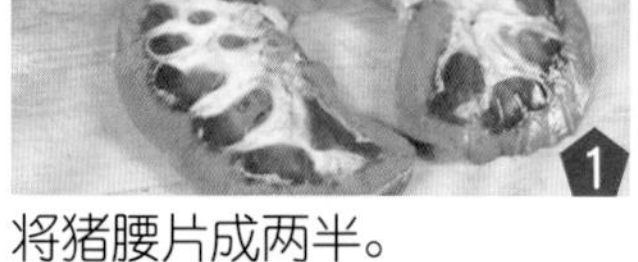

将猪腰片成两半。 斜刀推剞，倾斜角度为45度。 转一个角度斜刀推剞并相交。

切成均匀的块，抓洗干净。 再放入沸水锅中焯烫一下。 捞出沥干，即成麦穗花刀。

蓑衣形猪腰花

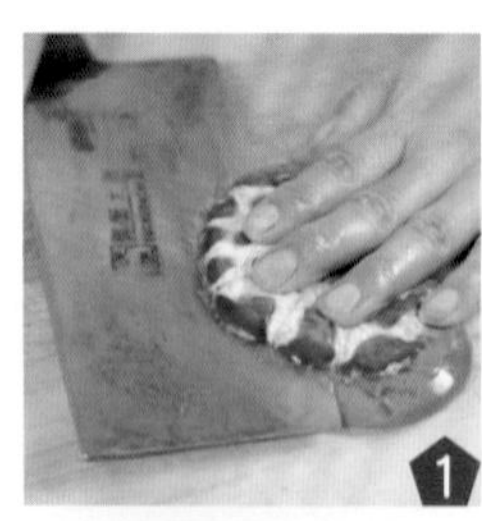
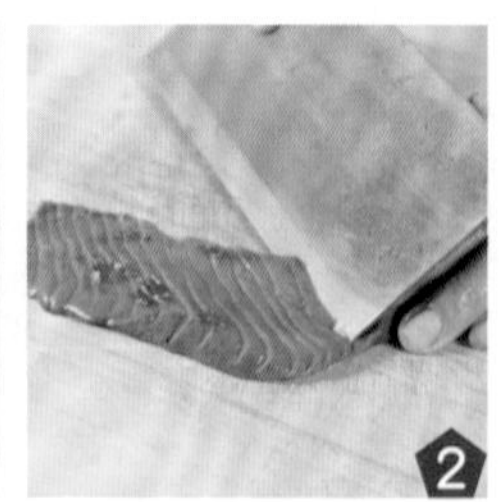
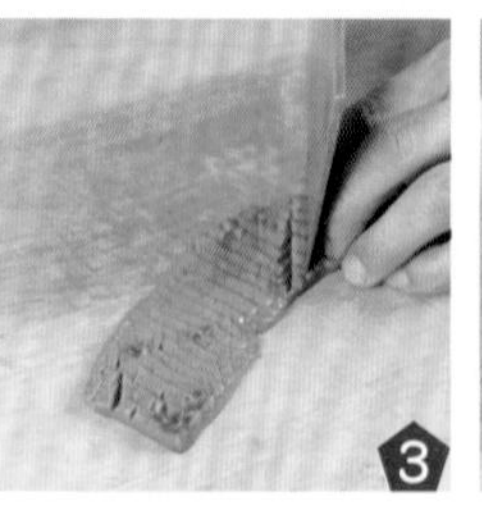
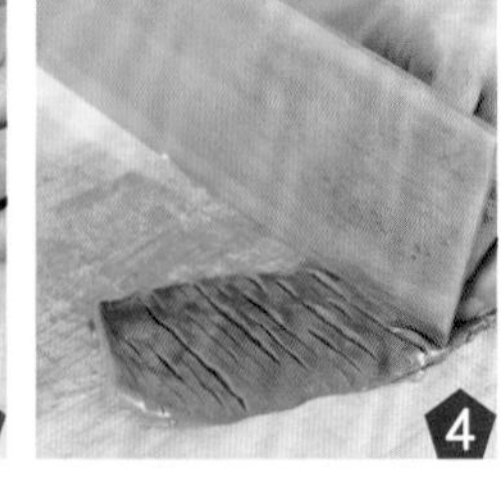

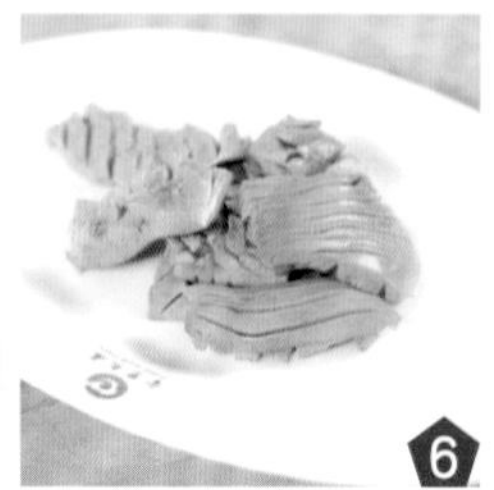

①猪腰片成两半，去除白色腰臊，洗净沥干。
②在猪腰的一面剞上深度为4/5的刀纹。
③再斜刀推剞上深度为4/5的刀纹。
④然后翻面，在另一面上用直刀剞上刀纹。
⑤切块后放入沸水锅中焯烫一下。
⑥捞出沥干，即为蓑衣形猪腰花。

猪肚巧清洗

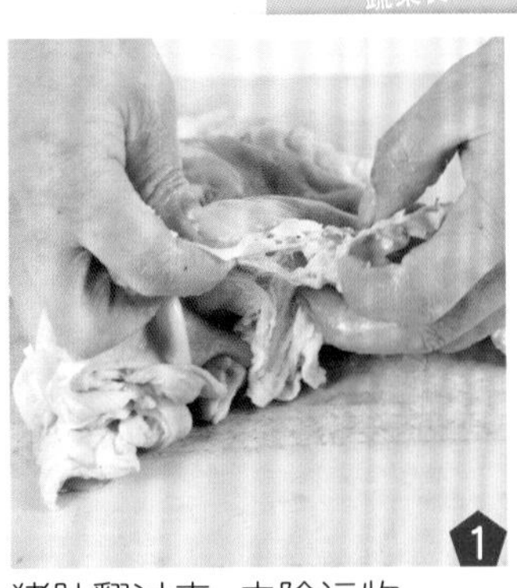
猪肚翻过来，去除污物。

加入精盐、面粉、米醋。

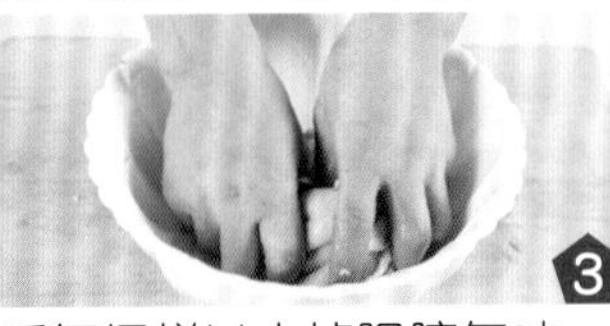
反复揉搓以去掉腥膻气味。

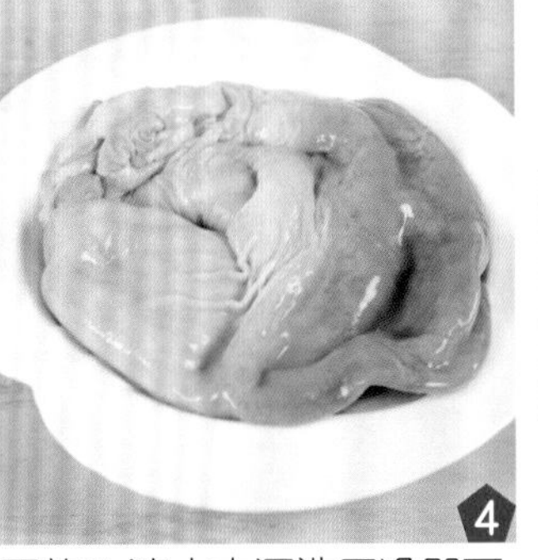
再放入清水中漂洗干净即可。

猪蹄收拾

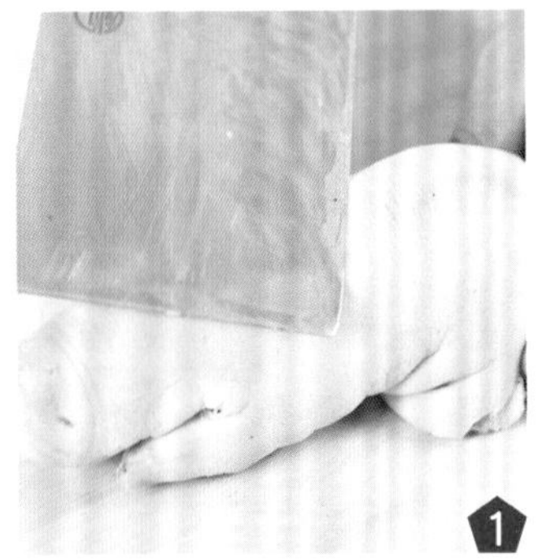
猪蹄洗净，刮去蹄甲和绒毛。

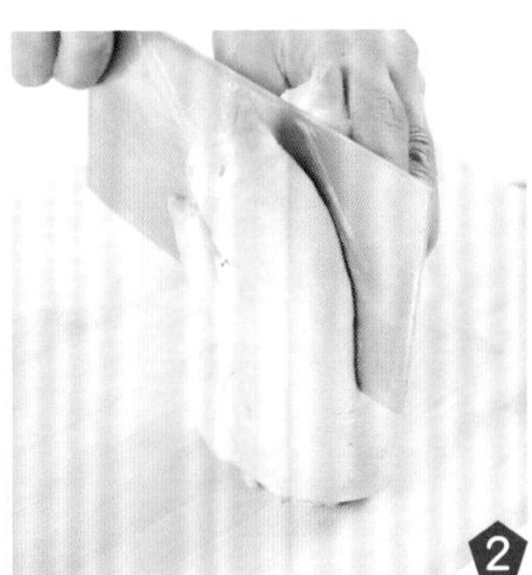
用刀从中间片开。

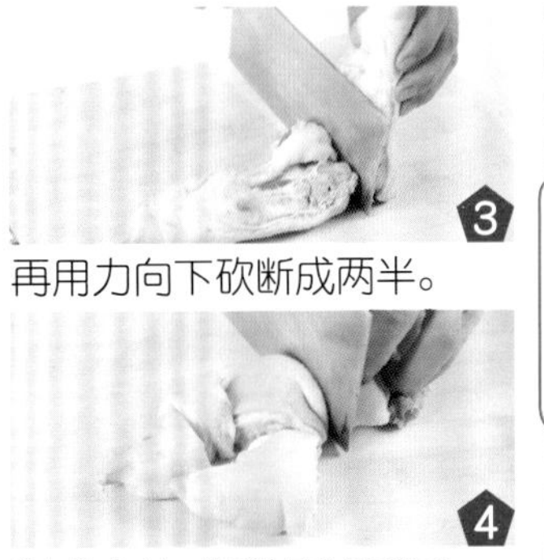
再用力向下砍断成两半。

剁成小块，漂洗干净即可。

油发蹄筋

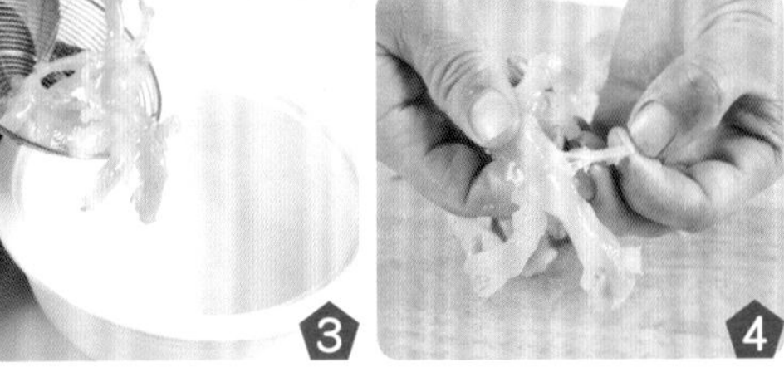

①将蹄筋放入温油锅中(油量宜多)，用手勺不断搅动，离火后用余热焐透。

②待蹄筋逐渐缩小、气泡消失后，再继续加热，全部涨发、松脆膨胀后捞出。

③沥净油分，放入热碱水中浸泡15分钟。

④取出蹄筋，去除杂质，用清水洗净即可。

猪肚的加工

①猪肚洗净表面污物，捞出沥干，翻转过来。

②再去除肚内的油脂、黏液和污物，用清水冲洗干净。

③然后用精盐、碱、矾和面粉揉搓均匀。

④再放入清水中漂洗干净即可。

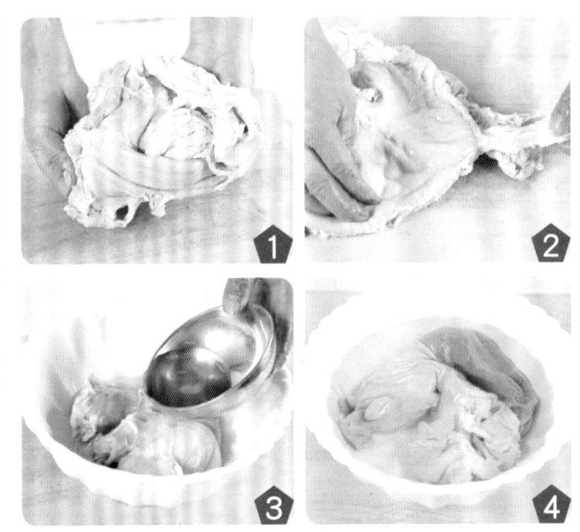

01 扒牛肉条

选 1.

熟牛腩肉500克，葱末、姜末、蒜片各少许，精盐、味精各1/2小匙，白糖、酱油各1/2大匙，水淀粉适量，植物油2大匙。

备 2.

熟牛腩肉切成长条片，放入沸水锅中烫透，捞出沥净水分，整齐地码入盘中。

做 3.

锅中加油烧热，下入葱末、姜末、蒜片炝锅，加入调料烧沸，推入牛肉条扒至汤汁稠浓时，加入味精，用水淀粉勾芡，大翻勺，装盘即可。

Tips 本菜留意，在牛肉入水焯烫的时候，时间不宜过久，因为过久的焯水会将牛肉烫硬。

小贴士

备 2.

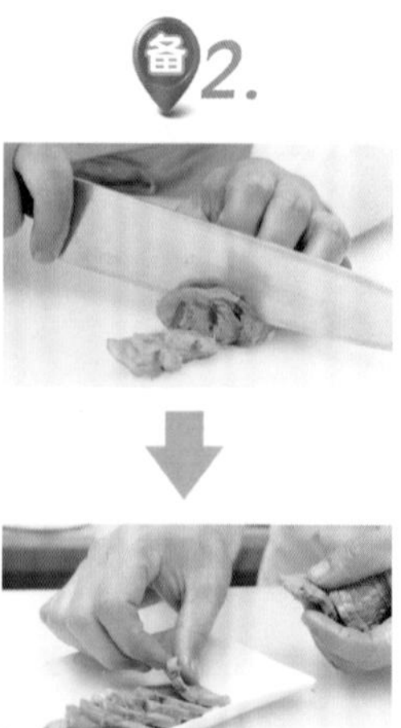

02 扒三鲜 20分钟

选 1.

熟五花肉200克，水发腐竹、香菇各100克，葱末5克，精盐、鸡精各1/2小匙，白糖1小匙，酱油、水淀粉各2小匙，植物油1大匙。

备 2.

熟五花肉切长方片，码入盘中间；水发腐竹切成段，摆在肉左边；香菇择洗干净，摆在肉右边。

做 3.

锅中加油烧热，爆香葱末，推入三鲜，加入鲜汤、调料扒烧至入味，用水淀粉勾薄芡，大翻勺，出锅装盘即可。

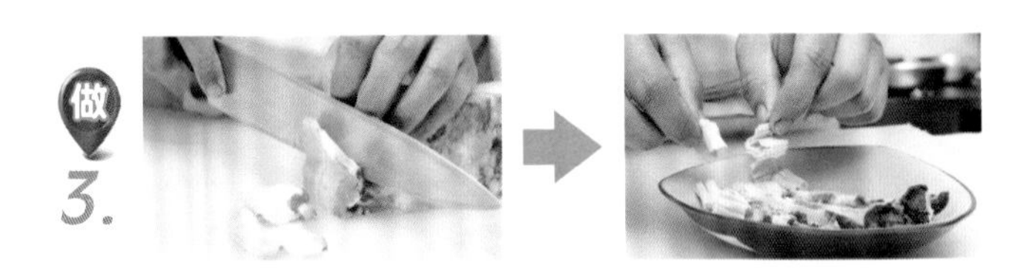

Tips 本菜操作中，如果在烧制过程中汤汁较多，可以舍弃鲜汤，改为撒入少许鸡精。

小贴士

03 白果猪肺汤 4小时

选1.

猪肺500克，猪瘦肉250克，白果20克，蜜枣20克，生姜3片，食盐适量。

备2.

蜜枣、白果洗净；猪瘦肉洗净，切成大块；猪肺清洗干净，切成块状，飞水。

做3.

将适量清水放入煲内，煮沸后加入以上材料，猛火煲滚后改用慢火煲3小时，加盐调味即可。

Tips 猪肺含有大量人体所必需的营养成分，包括蛋白质、脂肪、钙、磷、铁、烟酸以及维生素B_1、维生素B_2等。

小贴士

04 白肉蘸蒜泥 30分钟

多嘴多舌 本菜中五花肉的煮制要留意水温，火候改为中小火，过高的水温和过快的加热会让五花肉块的表面水分流失很快，容易使肉质变硬从而影响口感。

选1.

猪肉500克，红干椒50克，口蘑酱油1大匙，花椒10粒，蒜泥50克，姜丝2小匙，葱花1大匙。

备2.

把猪肉洗净，切块；红干椒切段，放少许油在锅内炒香；炒过的红干椒节，切碎呈末状，将菜油烧热，浇入辣椒末内烫成油辣椒。

做3.

猪肉过水，放入葱、姜、花椒，煮至猪肉变色，捞出，将其切成薄片，盛入碟内，在肉面上依次放口蘑酱油、油辣椒、蒜泥上桌。

05 百花酒焖肉 90分钟

多嘴多舌

本菜中肋条肉的烤制，如果觉得操作不便，可以改为放入七成热的油锅中煎炸片刻，至肉皮略焦变色时捞出。

选 1.

去骨肋条肉块1000克，葱段、姜片各15克，精盐2小匙，味精1小匙，白糖、百花酒各3大匙，酱油2大匙。

备 2.

猪肋条肉洗净，用烤叉插入肉块中，肉皮朝下置中火上烤至皮色焦黑，刮洗干净，切成12个方块，在每块肉皮上剞上芦席形花刀。

做 3.

取一砂锅，垫入竹箅，放入葱段、姜片，将肉块放入锅中，加入百花酒、白糖、精盐烧沸，再加入清水、酱油，焖至酥烂，加入味精即成。

备2.

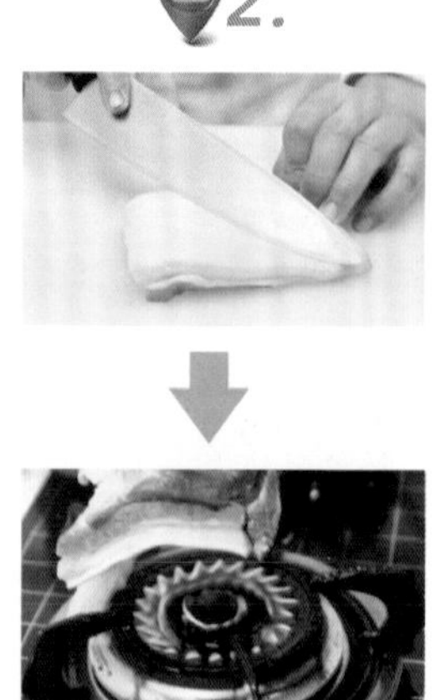

06 板栗炖牛肉 30分钟

选 1.

牛肉700克，去壳板栗200克，月桂10克，葱段10克，精盐1小匙，味精1/2小匙，胡椒适量，料酒1大匙。

备 2.

牛肉洗净，放入开水中汆烫，捞出，切成长4厘米见方的块；板栗冲净。

做 3.

砂锅中放入葱段，加入牛肉、月桂、胡椒、料酒和适量清水煮沸，加入板栗，炖至肉烂栗熟时熄火，加入精盐、味精调味即可。

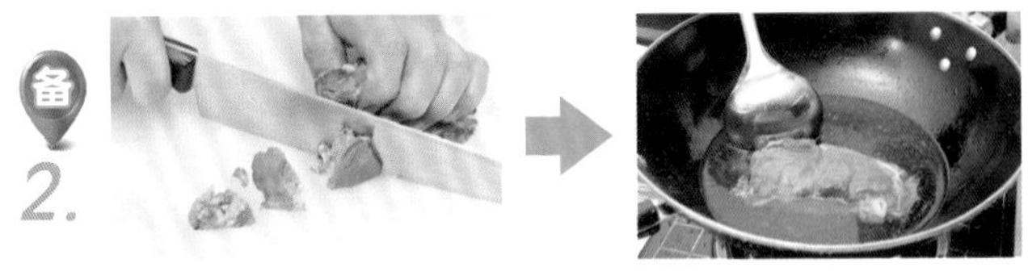

多嘴多舌

本菜中月桂味道相对特别，如果不喜欢可以自行去掉，另外牛肉可以在洗净、焯烫之后，放入高压锅中压15分钟，再与板栗煮制，这样更加节省时间。

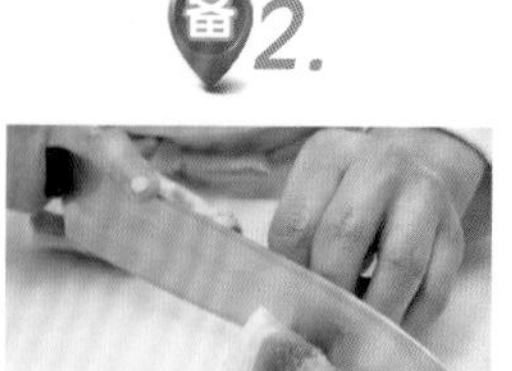

07 板栗红烧肉

30分钟

选1.

带皮猪五花肉750克，板栗300克，葱段15克，八角3粒，精盐、味精各2小匙，酱油1大匙，糖色、水淀粉2大匙，植物油适量。

备2.

猪五花肉洗净，切成大块，先用糖色腌拌至上色，再放入热油锅中略炸，捞出沥油。

做3.

锅中留底油，先下入葱段炒香，加入酱油、猪肉块、精盐、味精、八角烧开，焖煮至八分熟，加入板栗煮10分钟，用水淀粉勾芡即可。

本菜中提到的糖色制作方式如下，锅中加油烧热，加入白糖3小匙，烧制变红即可。

小贴士

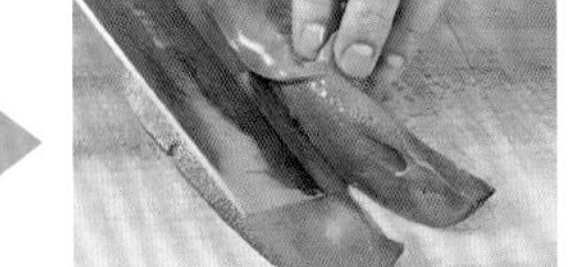

08 爆炒猪肝

选 1.

猪肝500克，红干椒碎、葱段各10克，精盐2小匙，味精1大匙，酱油1小匙，料酒、水淀粉、沙拉油各适量。

备 2.

锅中加油烧热，倒入辣椒碗中炸成辣油；猪肝洗净，切成薄片，加入少许精盐、料酒和水淀粉拌匀。

做 3.

锅中加油烧热，下入猪肝片滑熟，捞出沥油；锅内加入油烧热，下入葱段炒香，放入猪肝片炒匀，再加入精盐、酱油、味精炒至入味，勾薄芡，倒入辣油炒匀即可。

Tips 本菜中猪肝片，可以在洗净后先下入沸水锅中焯烫一下，再捞出加入调料拌匀。

09 爆两样 20分钟

选1.

熟猪肠200克，猪肝150克，黄瓜片、胡萝卜片、黑木耳各20克，鸡蛋清1个，葱末、姜末、蒜末各5克，精盐1小匙，味精、米醋各1/2小匙，酱油1大匙，水淀粉2大匙，植物油100克。

备2.

猪肠切斜段；肝切片，用水淀粉、鸡蛋清挂糊；碗中放入酱油、米醋、料酒、精盐、味精、葱末、姜末、蒜末、水淀粉调成味汁。

做3.

猪肝放热油锅滑散，盛出；锅留底油，倒入猪肝、肠段、瓜片、胡萝卜片、木耳、味汁炒匀即可。

选购储存

猪肝的选购：其中粉肝和面肝为佳，质均软且嫩，手指稍用力，可插入切开处，做熟后味鲜，柔嫩。不同点：前者色似鸡肝，后者色赫红。

10 菠菜猪肝汤 30分钟

选 1.

菠菜350克，猪肝150克，姜丝少许，大葱1根，精盐适量。

备 2.

将猪肝洗净，切成片；菠菜择洗干净，从中间横切一刀；大葱去根、去老叶，洗净，切成段。

做 3.

锅置火上，加入适量清水烧沸，先下入猪肝片煮沸，再放入菠菜段、姜丝、葱段煮沸，然后加入精盐调味，出锅装碗即成。

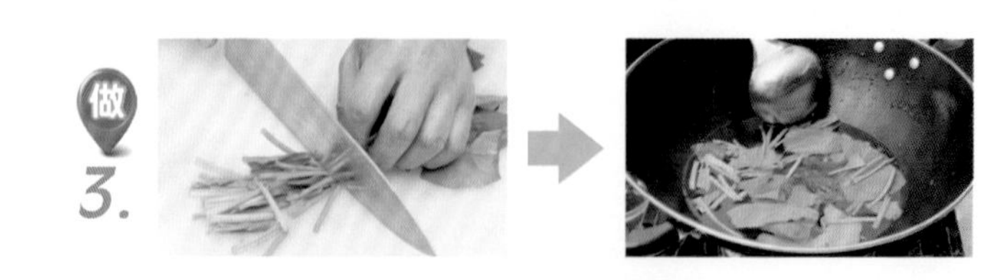

多嘴多舌 本菜制作要点，菠菜段入锅时间相对要晚，因为菠菜质感柔软、易碎，过早地下入锅中会因受热过多引起破碎。

备 2.

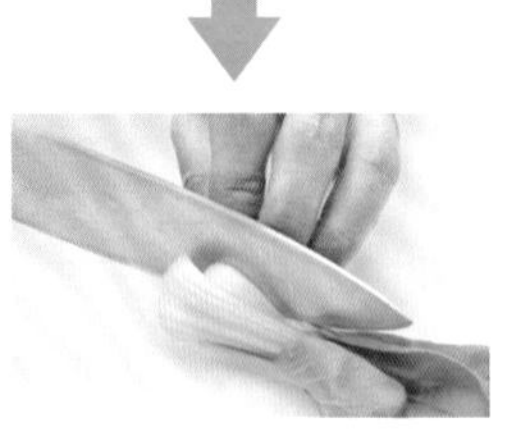

11 菜胆冬菇烧蹄筋 20分钟

选 1.

水发猪蹄筋250克，菜胆100克，水发冬菇50克，葱末少许，精盐1小匙，味精1/2小匙，酱油、水淀粉各2小匙，植物油1大匙。

备 2.

蹄筋洗净，切成片，入锅焯烫一下，捞出；菜胆洗净，放入沸水锅中焯水，捞出码盘。

做 3.

锅中加油烧热，下入葱末炝锅，加入酱油、蹄筋、冬菇、精盐和味精烧至入味，用水淀粉勾芡，盛在菜胆上即可。

Tips 本菜中蹄筋的烧制要控制好火候和时间，过大的火候和过久的时间都不适用于本菜，如果控制不好生熟度，最好加长焯水时间，缩短烧制时间。

小贴士

12 参杞萝卜羊肉 45分钟

多嘴多舌 本菜中羊肉在煮制时，要将火候控制在中小火，如果羊肉相对较老，可以适当加长煮制的时间，但是火候不宜调大。

选 1.

鲜羊肉200克，胡萝卜、人参各半根，枸杞子10克，葱段、姜片各25克，白胡椒粉1/2小匙，精盐1大匙，鸡精2小匙，植物油3大匙。

备 2.

鲜羊肉洗净，切片，加入5克葱段、姜片和少许精盐、白胡椒粉拌匀，腌渍30分钟；人参洗净，切片，泡软。

做 3.

锅中加油烧热，将羊肉片下入油锅中，炸至呈金黄色时，捞出沥油，锅留底油烧热，下入葱段、姜片炸香，添入适量清水，再放入剩余用料煮熟，撒上香菜段即可。

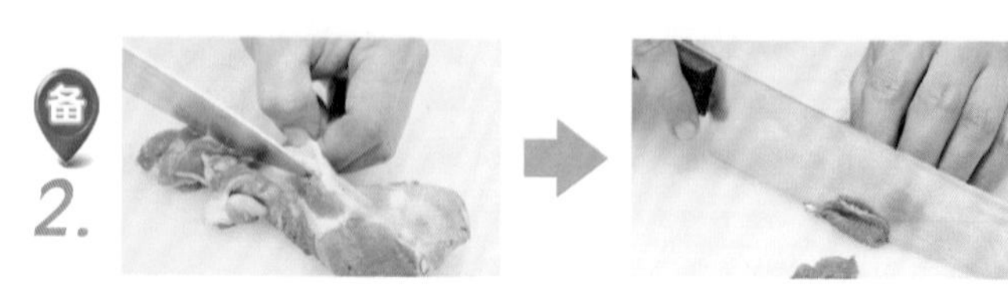

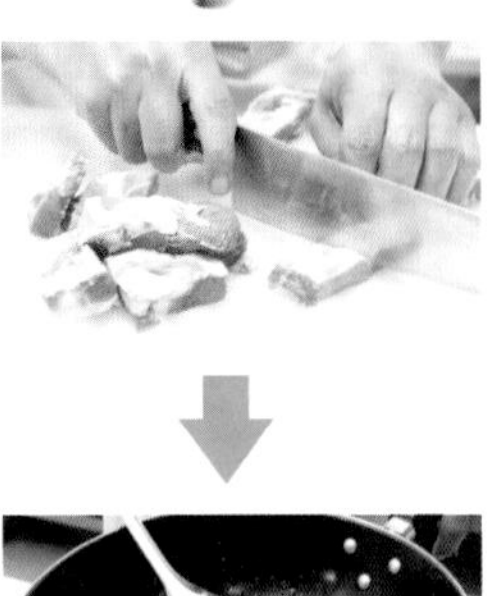

13 叉烧排骨 35分钟

多嘴多舌 本菜小窍门：如果控制不好排骨烧制的时间和火候，可以将排骨焯水的时间相对加长，从而使排骨肉质松软更好入味。

选 1.

猪排骨500克，油菜150克，熟芝麻少许，葱段15克，姜片10克，精盐、味精、白糖、料酒各2小匙，腐乳、番茄酱各少许，植物油适量。

备 2.

小油菜洗净，用沸水焯烫一下，捞出摆入盘中垫底；猪排骨洗净，剁成段，加入腐乳、葱段、姜片、白糖、精盐、味精拌匀，再下入热油锅中炸至表面酥脆。

做 3.

另起锅，加入植物油烧热，放入番茄酱、腌排骨的汁、排骨段及适量清水烧沸，炖至排骨熟透，盛在小油菜上，撒上熟芝麻即可。

14 茶树菇炒猪肝 20分钟

多嘴多舌 本菜小细节：如果是掌握不好火候的新手朋友，在烹制本菜时原料的下锅顺序应当有所变化，先下入猪肝煸炒片刻再下入茶树菇，最后放入青椒块和红椒块，以免炒制过久将青椒、红椒炒老。

1.

猪肝250克，净茶树菇150克，青椒块、红椒块各50克，精盐2小匙，酱油1大匙，淀粉2大匙，味精、胡椒粉各少许，植物油适量。

备 2.

猪肝切成大片，再加上少许精盐、淀粉、少许植物油调拌均匀；少许精盐、酱油、胡椒粉、味精、水淀粉拌匀成味汁。

做 3.

净锅置火上，加入植物油烧热，下入青椒块、红椒块、猪肝片、茶树菇稍炒，烹入味汁翻炒均匀，出锅装盘即成。

首先要看茶树菇的粗细、大小是否一致。所挑选的茶树菇大小不统一的话，就意味着这些茶树菇不是一个生长期的，可能掺有陈菇。其次，闻起来有霉味的茶树菇是绝对不可以买的。另外，要看有没有开伞，未开伞的茶树菇品质比较好。

15 茶香牛柳 20分钟

1.

牛里脊400克，乌龙茶10克，青、红椒、洋葱各25克，芝麻少许，精盐少许，蚝油2小匙，酱油1大匙，黑胡椒1小匙，植物油适量。

备 2.

青椒、红椒、洋葱分别洗净，切成小块；牛里脊肉洗净，切条，加入黑胡椒、酱油、少许植物油搅匀。

做 3.

将乌龙茶加入味精、精盐、芝麻拌匀垫在盘底；锅中留油烧热，加入洋葱炒香，再加入剩余用料炒匀，出锅放入乌龙茶的盘内即可。

16 炒烤羊肉

20分钟

选 1.

羊肉300克，香菜100克，葱丝25克，姜丝10克，精盐、味精各1/2小匙，胡椒粉1小匙，酱油2大匙，淀粉2小匙，料酒1大匙，植物油3大匙。

备 2.

香菜洗净，切段；羊肉洗净，切成薄片，放在碗内。放入料酒，酱油、精盐、胡椒粉、淀粉、白糖和植物油拌匀，腌制8分钟。

做 3.

锅中加油烧热，放入羊肉片爆炒，加入味精、葱丝、姜丝、香菜段搅匀，出锅即可。

羊肉比猪肉的肉质要细嫩，而且比猪肉和牛肉的脂肪、胆固醇含量都要少。羊肉肉质细嫩，容易消化吸收，多吃羊肉有助于提高身体免疫力。

小贴士

17 陈皮牛肉

45分钟

选 1.

牛肉375克，陈皮1片。姜末5克，精盐1/2小匙，白糖、淀粉各1/2大匙，料酒5小匙，酱油3大匙，植物油适量。

备 2.

牛肉洗净，切成片，加入少许料酒、酱油、淀粉腌20分钟，再放入热油中炸至浮起，捞出沥油，陈皮放入碗中泡软，洗净，切丝。

做 3.

锅中加油烧热，下入姜末、陈皮丝炒香，再放入牛肉片，加入精盐、白糖、料酒、酱油、泡陈皮的水，烧至汤汁收干，装碗即可。

Tips 牛肉富含蛋白质，氨基酸组成比猪肉更接近人体需要，能提高机体抗病能力，对生长发育及术后，病后调养的人在补充失血、修复组织等方面特别适宜，寒冬食牛肉可暖胃，是该季节的补益佳品。小贴士

18 豉香排骨煲

45分钟

多嘴多舌 排骨的营养价值：含蛋白、脂肪、维生素外，还含有大量磷酸钙、骨胶原、骨粘蛋白等，可为幼儿和老人提供钙质。排骨有很高的营养价值，具有滋阴壮阳、益精补血的功效。

选 1.

猪排骨500克，土豆150克，青菜50克，葱段10克，精盐1小匙，鸡精1大匙，胡椒粉、酱油各2小匙，老干妈豆豉3大匙，植物油750克。

备 2.

将猪排骨剁成小段，洗净，加入精盐、胡椒粉、酱油、料酒拌匀，腌约20分钟，土豆去皮，洗净，切成滚刀块；老干妈豆豉剁碎；青菜择洗干净，切成段。

做 3.

锅留底油，下入姜片、葱段和干辣椒炸香，放入老干妈豆豉略炒，再加入调料，倒入砂锅中，然后放入排骨段烧沸，炖至排骨软烂，放入青菜段，上桌即可。

19 川味牛肉

35分钟

多嘴多舌

本菜中红干椒炒制比较容易焦煳，可以选择将油烧至3～4成热后熄火，再将红干椒放入，等到油温将辣椒炸出香味后重新点火下入用料炒制。

选 1.

牛里脊肉400克，冬笋75克，红干椒15克，精盐、胡椒粉、植物油各适量，红糖1/2大匙。

2.

将牛里脊肉洗净，切成1厘米见方的小丁；冬笋洗净，切成小丁。

做 3.

锅中加油烧热，先下入红干椒炒味，放入牛肉丁和笋丁炒匀，再加入红糖、精盐和胡椒粉烧沸，酱烧至牛肉熟嫩，装盘上桌即可。

20 川香回锅肉

35分钟

选 1.

熟五花肉片250克，红干椒、黑木耳、油菜心各适量，葱片适量，精盐、味精各1/2小匙，辣椒酱1/2大匙，酱油1大匙，植物油750克。

2.

猪五花肉片放入热油锅中滑透，捞出沥油；油菜心洗净，切成段；黑木耳择洗干净。

做 3.

锅中加油烧热，下入葱片炒香，加入调料、少许清水烧沸，然后放入猪肉片、红干椒、木耳、油菜心炒至入味，出锅装盘即可。

本菜中五花肉的加工滑炒要注意油温和滑炒时间，过久会将肉炸硬且焦。

21 川味猪肝 20分钟

选1.

猪肝300克，洋葱50克，蒜末15克，精盐1/2小匙，料酒1大匙，水淀粉2小匙，辣椒酱、辣椒油各1小匙，植物油2大匙。

备2.

将猪肝洗净，切成薄片，再放入碗中，加入精盐、料酒翻拌均匀，腌渍入味；洋葱去皮、洗净，切成粗丝。

做3.

炒锅置火上，加油烧热，先下入洋葱丝、蒜末炒出香味，放入猪肝片煸炒至变色，然后加入辣椒油、辣椒酱翻匀，再用水淀粉勾薄芡，即可出锅装盘。

猪肝中含有丰富的维生素A，具有维持正常生长和生殖机能的作用；能保护眼睛，维持正常视力，防止眼睛干涩、疲劳，维持健康的肤色，对皮肤的健美具有重要意义。

小贴士

22 家常回锅肉

30分钟

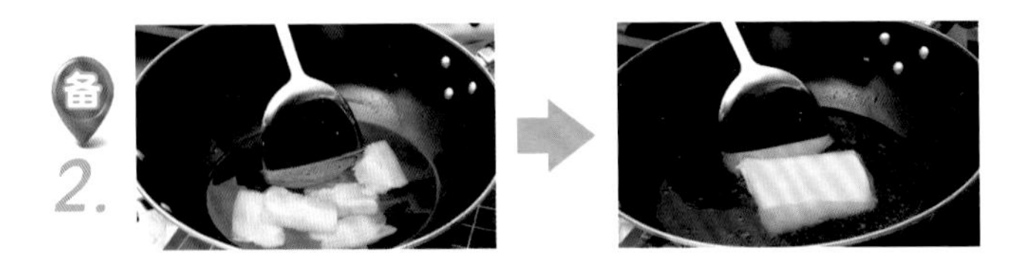

选 1.

猪五花肉350克，青椒、红椒各25克，蒜末5克，花椒粒10克，精盐、白糖各1/2小匙，酱油、料酒、豆瓣酱各1小匙，植物油3大匙。

备 2.

将猪五花肉洗净，放入清水锅中，加入花椒粒煮至七分熟，再捞出冲净，切成大片；青椒、红椒分别洗净，切片。

做 3.

锅中加油烧热，先下入五花肉片煸炒出油，再放入蒜末、豆瓣酱、酱油、白糖翻匀，然后加入剩余用料炒至入味，即可出锅装盘。

猪肉含有丰富的优质蛋白质和必需的脂肪酸，并提供血红素（有机铁）和促进铁吸收的半胱氨酸，能改善缺铁性贫血。

小贴士

23 慈菇排骨汤 40分钟

选 1.

排骨250克，慈菇200克，净鲜蘑100克，枸杞子10克，葱段15克，精盐2小匙，味精1小匙，胡椒粉少许，植物油1大匙。

备 2.

排骨洗净，剁成块，放入沸水锅中焯烫一下，捞出沥净；慈菇削去外皮，切片，洗净，再放入沸水锅中焯烫一下，捞出过凉、沥水。

做 3.

锅中加油烧热，先下入大葱炝出香味，添入清水适量，再加入排骨块，用旺火煮约20分钟，放入剩余用料，出锅装碗即成。

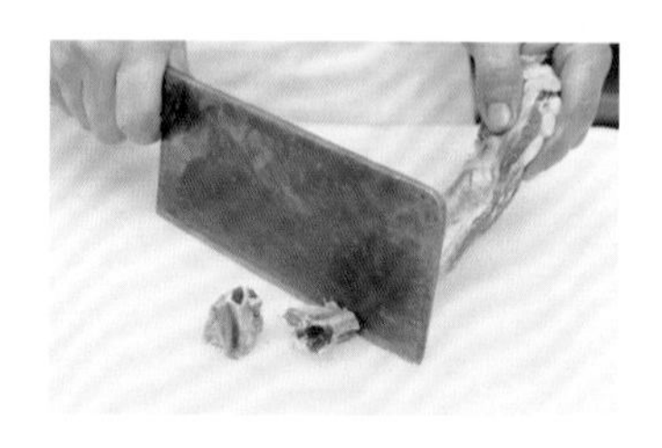

选购储存

拿手指按压排骨，如果用力按压，排骨上的肉能迅速地恢复原状，如果瘫软下去则肉质就比较不好；再用手摸下排骨表面，表面有点干或略显湿润而且不粘手。如果粘手则不是新鲜的排骨。

24 葱爆羊肉 20分钟

选 1.

净羊腿肉250克，大葱150克，蒜末5克，花椒盐1小匙，料酒、酱油、米醋、精盐、水淀粉、植物油各适量。

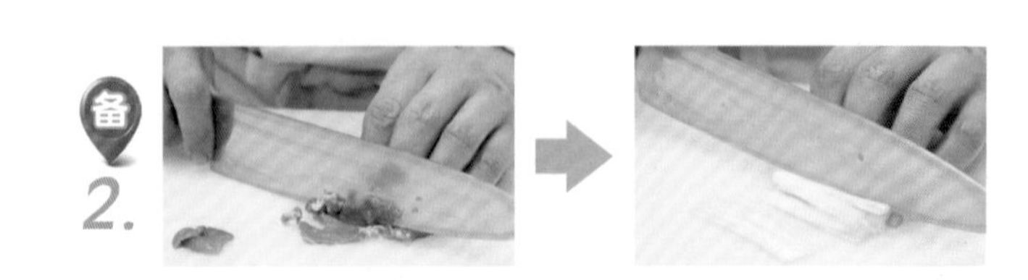

备 2.

羊腿肉切片，加入花椒盐、精盐、水淀粉、料酒拌匀；大葱洗净，切段，炒锅烧热，加油烧热，放入羊肉片滑散，捞出沥油。

做 3.

锅留少许底油烧热，下入蒜末和葱段略煸，放入羊肉片、料酒、酱油、米醋、精盐炒匀，用水淀粉勾芡，出锅装盘即成。

多嘴多舌

本菜中羊肉在入锅炒制之前，应将火调小，以免过高的温度直接将羊肉烧焦，此外如果觉得羊肉味道过膻，可以少量加入姜末炒制，以去除膻气。

25 葱烧蹄筋

选 1.

水发牛蹄筋400克，大葱100克，精盐、料酒、酱油各1小匙，鸡精1/2小匙，水淀粉2小匙，植物油4小匙。

备 2.

水发牛蹄筋洗净，放入清水锅中煮熟，捞出晾凉，切成条；大葱洗净，切段。

做 3.

锅置火上，加油烧热，先下入葱段炸香，再放入牛蹄筋段炒匀。然后加入酱油、精盐、鸡精烧至入味，用水淀粉勾芡，装盘即可。

选购新鲜的牛筋时要求色泽白亮且富有光泽，无残留腐肉，肉质透明，质地紧密，富有弹性。

小贴士

26 葱香牛扒 20分钟

多嘴多舌

如何区别老、嫩牛肉：

老牛肉肉色深红、肉质较粗；嫩牛肉肉色浅红，肉质坚而细，富有弹性。

选 1.

牛里脊肉500克，香葱段150克，蛋清1个，姜末、蒜片各5克，精盐1小匙，味精1/2小匙，淀粉1大匙，植物油750克（约耗30克）。

备 2.

牛里脊肉洗净，切成大薄片，加入少许精盐略腌，再加入蛋清、淀粉拌匀上浆；香葱切小段。

做 3.

锅中加油烧热，放入牛肉片滑散，炸至略干时捞出；锅留底油烧热，先下入香葱段、姜末、蒜片炒香，再加入精盐、味精、牛里脊肉片炒匀，出锅装盘即可。

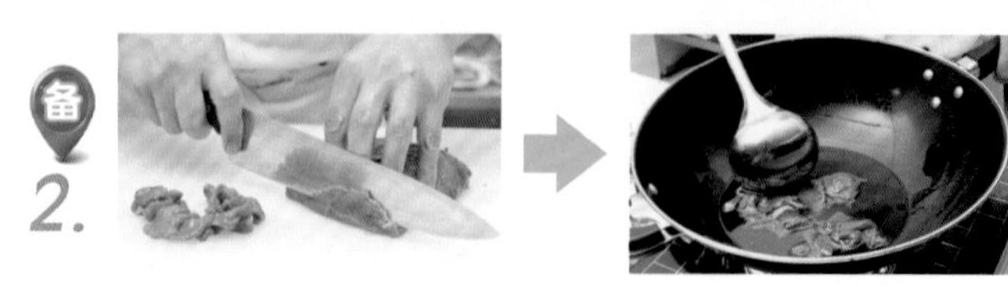

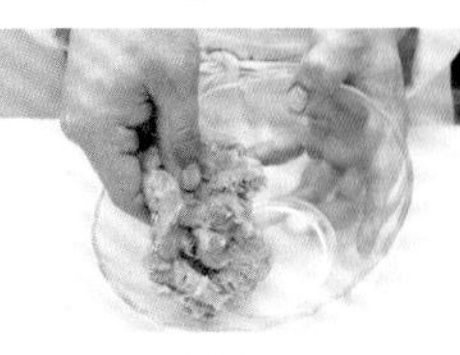

27 醋熘丸子 20分钟

多嘴多舌 猪肉的选购：肌肉有光泽，红色均匀，脂肪呈乳白色；外观微干或湿润，不粘手；纤维清晰，有坚韧性，肌肉指压后凹陷处立即恢复；具有鲜猪肉固有的气味无异味。

选 1.

猪肥瘦肉末500克，葱末、姜末、蒜末各少许，精盐、味精各1/2小匙，白糖2小匙，酱油1/2大匙，米醋1大匙，水淀粉3大匙，植物油适量。

2.

碗中加入白糖、米醋、酱油、味精、精盐、水淀粉调成味汁；猪肉末加入精盐、水淀粉搅拌均匀，挤成丸子，入锅炸至焦黄色，捞出。

做 3.

锅留底油烧热，先下入葱末、姜末、蒜末炒出香味，烹入调好的味汁炒匀，再放入丸子翻熘均匀，出锅装盘即可。

28 大蒜烧牛腩 20分钟

多嘴多舌

烹饪小常识：牛腩要怎么炖煮才能彻底软烂，可以在锅里稍微加一点山楂，然后中小火炖煮两个小时就行了。做牛腩一定不能太早放盐，否则很容易做得很硬，完全嚼不动。

1.

牛腩肉300克，青椒片、红椒片各50克，大蒜瓣30克，精盐1/2小匙，鸡精1小匙，胡椒粉1小匙，酱油、水淀粉各1大匙，植物油3大匙。

牛腩肉洗净，切成方丁，加入少许精盐、水淀粉拌匀上浆，放入热油锅中炒至八分熟，盛出。

做 3.

锅加底油烧热，下入蒜瓣炸透，再放入洋葱丁、牛腩丁爆炒片刻，然后加入精盐、鸡精、酱油、胡椒粉烧至入味，勾芡，装盘即可。

选购储存

牛腩是一种统称，并不是特指什么部位。我的理解是，只要是瘦肉和筋相间的牛肉，都可以叫作牛腩。腹间肉当然是最好部位的牛腩，喜欢吃点带筋的牛肉的话，就比着腹间肉买吧。

29 东坡肉 20分钟

选1.

带皮猪五花肉1000克，鸡汤少许，葱段50克，花椒少许，精盐1小匙，糖色5小匙，酱油2大匙，料酒200克，植物油750克。

备2.

带皮猪五花肉洗净，放入清水锅中煮约10分钟，捞出洗净，沥干水分，剞上棋盘花刀。

做3.

锅置火上，放入鸡汤，再将猪肉块皮朝上放入锅中，加入葱段、酱油、精盐、花椒、糖色烧沸，烧至猪肉软烂，出锅盛入盘中即可。

五花肉的选择，一层薄薄的的猪皮、一层淡淡的猪油、一层瘦肉、再一层猪油、最后再一层瘦肉，这样层层均匀相间的五花肉，最是可口。

小贴士

备2.

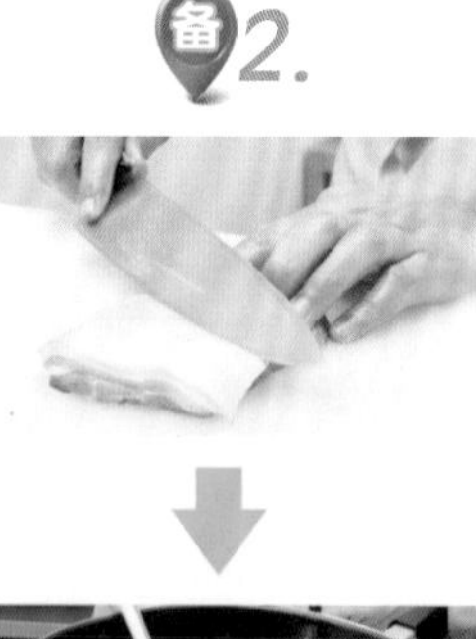

30 冬瓜炖排骨 20分钟

选 1.

猪排骨500克，冬瓜350克，姜块10克，八角1粒，精盐1小匙，味精、胡椒粉各1/2小匙。

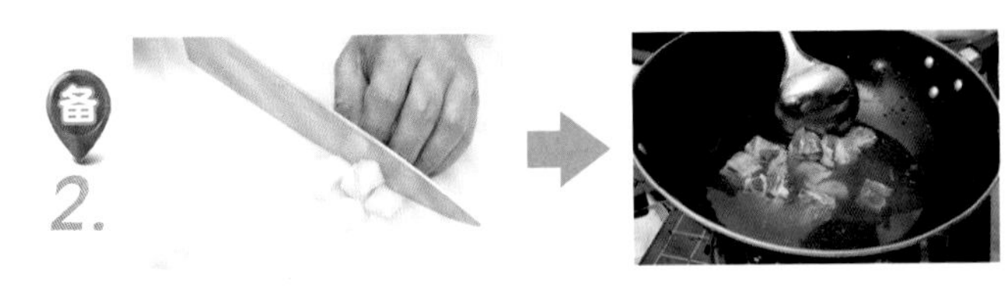

将排骨洗净，剁成小块，放入清水锅中烧沸，焯煮5分钟，捞出冲净；冬瓜去皮及瓤，洗净，切成大块；姜块去皮、洗净，用刀拍破。

做 3.

锅中加入适量清水，先下入排骨段、姜块、八角烧沸，然后放入冬瓜块煮20分钟，加入精盐、味精、胡椒粉煮至入味即可。

下入排骨段后，在煮制过程中可能会出现少许浮沫，可用汤勺将其撇净，既健康又不影响味道。

31 冬瓜炖羊肉

20分钟

选1.

冬瓜250克，羊肋肉200克，粉丝25克，香菜段15克，葱段、姜块各少许，精盐1小匙，胡椒粉、味精各1/3小匙。

备2.

冬瓜洗净，切块，放入沸水锅中焯烫一下，捞出；粉丝泡软，剪成段；羊肋肉洗净，切块，放入沸水锅中焯烫至透，捞出过凉。

做3.

锅中加入清水烧沸，放入羊肉块、葱段和姜块稍煮，加入精盐，放入冬瓜块煮至熟烂，放入粉丝、味精、胡椒粉和香菜，装碗即可。

Tips 选购的新鲜羊肉：肉色红而均匀，有光泽，肉质坚而细，有弹性，外表微干，不粘手，气味新鲜，无其他异味。

小贴士

32 豆瓣肘子 20分钟

多嘴多舌 猪肘的选购：肘子和猪蹄一样，都分前后，而且都以前肘（前蹄）为佳。前肘子筋多、瘦肉多、肉比较活，肥而不腻。而后肘子的肉就肥一些了，而且肉也比较死，做出来的肘子总觉得不太好嚼。

选 1.

猪肘（去骨）500克，豆瓣30克，精盐、糖色各1小匙，水淀粉1大匙，植物油适量。

备 2.

猪肘洗涤整理干净，表面切花刀；豆瓣剁细。

做 3.

炒锅加油烧热，放入豆瓣略炒，加清水、精盐、糖色，倒入装肘子的炖锅中，煨至熟烂；炒锅加油烧热，下入精盐稍炒，起锅垫于盘底，肘子放在蒜苗上即可。

33 豆豉蒸排骨 20分钟

多嘴多舌 排骨除含蛋白、脂肪、维生素外，还含有大量磷酸钙、骨胶原、骨粘蛋白等，可为幼儿和老人提供钙质。排骨有很高的营养价值，具有滋阴壮阳、益精补血的功效。

选 1.

猪排骨500克，小油菜30克，葱花10克，精盐、蚝油、豆豉、料酒各1小匙，植物油2大匙。

备 2.

将猪排骨洗净，剁成段，加入蚝油、豆豉、精盐、料酒拌匀，腌渍5分钟至入味；油菜洗净，放入沸水中焯烫一下，捞出摆入盘中。

做 3.

将腌好的排骨放入蒸锅中，蒸熟，取出摆在小油菜上，撒上葱花；坐锅点火，加油烧热，出锅浇淋在猪排骨上即可。

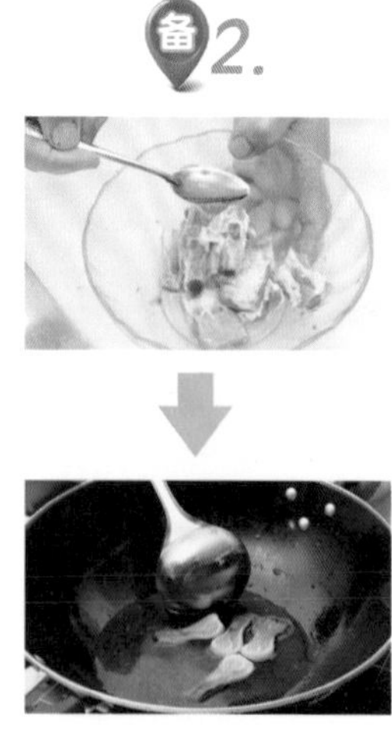

34 剁椒羊腿肉

选 1.

羊腿肉200克，鲜小尖椒50克，精盐3/5小匙，味精1小匙，酱油、植物油各2小匙，姜米5克，蒜米5克。

备 2.

羊腿肉洗净后入锅煮至成熟，捞起后切片；鲜小尖椒洗净后剁细待用；将羊肉片整齐地摆放入盘中呈一封书形状。

3.

盆中放入精盐、味精、姜米、蒜米、酱油、植物油、鲜小尖椒，充分调匀后，淋入盘中羊肉片上即成。

多嘴多舌 相对猪肉而言，羊肉蛋白质含量较多，脂肪含量较少。维生素B_1、B_2、B_6以及铁、锌、硒的含量颇为丰富。此外，羊肉肉质细嫩，容易消化吸收，多吃羊肉有助于提高身体免疫力。

35 西红柿炖羊排 30分钟

选1.

羊排750克，西红柿300克，香菜末、葱段各15克，姜末5克，精盐、味精各2小匙，胡椒粉1小匙，高汤1000克，植物油2大匙。

备2.

羊排洗净，剁成小段，焯沸一下，沥水；西红柿洗净，用热水烫一下，去皮，切滚刀块。

做3.

锅内加油烧热，下入葱段、姜末炒香，加入羊排、高汤、精盐烧开，炖至羊排熟烂，放入西红柿块、味精、胡椒粉稍炖，撒香菜末即成。

Tips 在购买新鲜的羊排时，要求羊排上的羊肉颜色明亮且呈红色，用手摸起来感觉肉质紧密，表面微干或略显湿润且不粘手，按一下后的凹印可迅速恢复，闻起来没有腥臭味者为佳。小贴士

36 西红柿牛舌 20分钟

选 1.

牛舌500克，西红柿酱50克，葱花、姜片、精盐、八角各1小匙，米醋1/2小匙，白糖2小匙，水淀粉3小匙，香油4小匙，料酒5小匙。

备 2.

将牛舌放入沸水锅内加入葱、姜、精盐煮熟，捞出晾凉，去掉舌上的薄膜，切成片，装盘。

做 3.

炒锅内放香油烧热，下入姜末稍炸，烹入料酒，再加入西红柿酱煸炒，然后将牛舌放入锅内，加入全部调料烧煨，用水淀粉勾芡，出锅盛盘。

Tips 本菜在烧制过程中，因为添加了西红柿酱所以相对易焦，可以视情况不同适当加入清水。

小贴士

37 西红柿排骨汤 70分钟

选 1.

小排骨600克，西红柿150克，精盐1小匙，胡椒粉2小匙，淀粉、酱油各2大匙，植物油各适量。

备 2.

小排骨洗净，剁成段，加入淀粉、胡椒粉、酱油拌匀腌5分钟，再放入热油锅中炸至金黄色，捞出沥油；西红柿去蒂、洗净，切成小块。

做 3.

锅置火上，加入适量清水，放入西红柿块、排骨段烧沸，再转小火煮约1小时，然后加入精盐调好口味，出锅装碗即可。

Tips 西红柿含有丰富的胡萝卜素、维生素C和B族维生素等。

小贴士

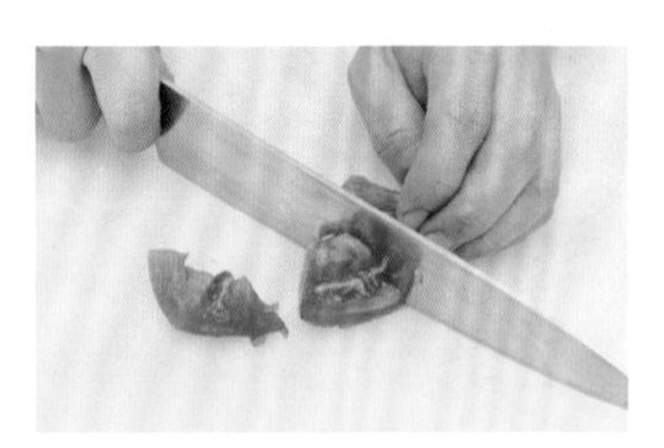

选购储存

如何选购西红柿？市售的西红柿主要有两类：一类是大红西红柿，糖、酸含量都高，味浓；另一类是粉红西红柿，糖、酸含量都低，味淡。

38 西红柿烧牛肉

40分钟

选 1.

牛肉块400克，西红柿150克，葱、姜各5克，白糖、酱油各3小匙，精盐1小匙，味精1/2小匙，水淀粉5小匙，香油5小匙。

备 2.

牛肉块洗净，用开水焯烫；西红柿洗净，切块。

3.

炒锅上火，加油烧热，放入葱段、姜末炒香，添入酱油、牛肉块、西红柿、白糖、味精，煨至牛肉熟烂，加水淀粉、香油即可。

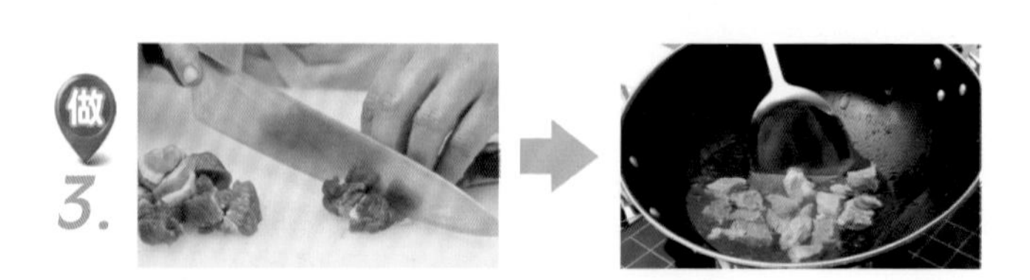

多嘴多舌

本菜为了节省时间，可以将牛肉焯烫后直接放入高压锅中焖软，再入锅炒香进入之后的炒制环节。

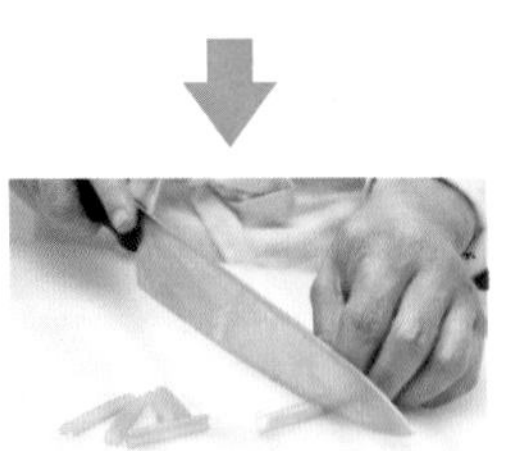

39 干煸牛肉丝 30分钟

选 1.

牛肉300克，芹菜30克，青蒜段15克，精盐1/2小匙，味精少许，白糖、酱油、花椒油各2小匙，植物油2大匙。

备 2.

将牛肉剔去筋膜，洗净，切成丝；芹菜择洗干净，切成小段。

做 3.

锅中加油烧热，放入牛肉丝炒至酥脆，再加入白糖、酱油、精盐、味精炒匀，然后放入芹菜段、青蒜段、略炒，淋上花椒油即可。

40 干烧牛肉片 30分钟

多嘴多舌 本菜中牛肉如果略老，可以选择在切片后加入少许料酒、淀粉调匀，略微腌制片刻，这样在烧制时可以保证口感的松软。

选 1.

牛肉400克，芹菜段30克，姜丝15克，豆瓣酱1小匙，花椒粉1/2小匙，味精1小匙，料酒1大匙，白糖2小匙。

备 2.

将牛肉切成薄片，上旺火煸炒，加姜丝、豆瓣酱、辣椒粉然后略炒至油变红。

做 3.

加料酒、味精、白糖、芹菜段翻炒几下，装盘，撒花椒粉即可。

做 3.

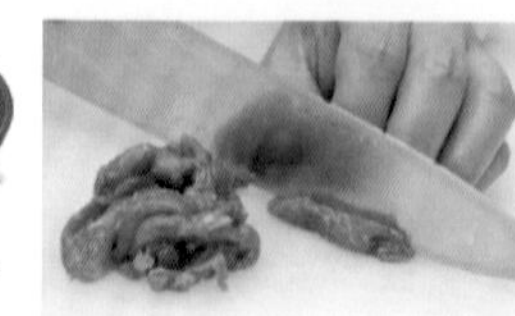

41 桂花羊肉

25分钟

多嘴多舌 本菜在炒制过程中，用料入锅的顺序可以简化调整，先下入鸡蛋炒至成型捞出，再下入羊肉炒至变色，再将炒好的鸡蛋下入，加入剩余用料炒匀即可。

选 1.

羊里脊肉200克，鸡蛋3个；葱花、姜末各少许，精盐、味精各1/3小匙，胡椒粉、植物油各适量。

备 2.

将羊里脊肉剔去筋膜，洗净，切成细丝；鸡蛋磕入碗中，加入葱花、姜末、精盐、味精、胡椒粉、羊肉丝拌匀。

做 3.

炒锅置火上，加入植物油烧热，倒入鸡蛋液，加入羊肉丝煸炒至熟嫩，出锅装盘即可。

42 锅焖黑椒猪手

45分钟

多嘴多舌

猪蹄中富含的胶原蛋白质在烹调过程中可转化成明胶，它能结合许多水，从而有效改善机体生理功能和皮肤组织细胞的储水功能，防止皮肤过早褶皱，延缓皮肤衰老。

选 1.

猪手1只，熟油菜100克，葱段、八角、花椒各少许，精盐、白糖各1小匙，味精1/2小匙，酱油、水淀粉各3大匙，黑椒汁、植物油各2大匙。

备 2.

猪手刮洗干净，剁成小块，放入盆中，加入桂皮、八角、花椒、葱段、酱油拌匀。

做 3.

锅中加油烧热，放入猪手炒至上色，再加入精盐、味精、白糖、黑椒汁、清水烧沸，焖30分钟至熟，用水淀粉勾芡，摆上熟油菜即成。

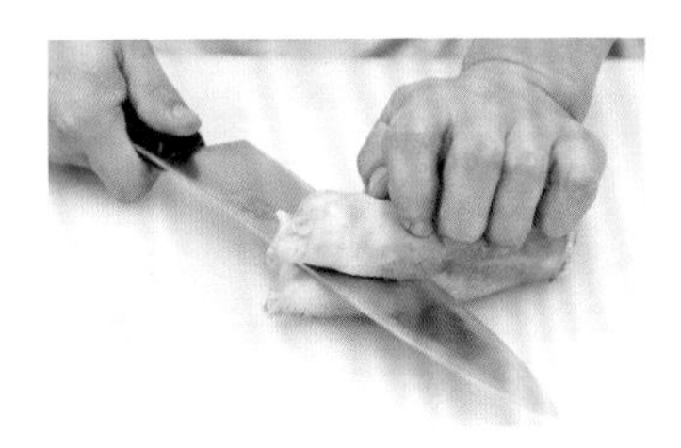

选购储存

选猪蹄主要是选前蹄或者后蹄，其实严格说来，前蹄才叫猪手，后蹄就是猪脚。这两者的区别在于，前蹄的筋比较多、肉比较少，个头相对也小一些。后蹄的肉比较多，个头也比较大。

43 杭椒牛柳 30分钟

选 1.

牛肉300克，杭椒200克，鸡蛋1个，精盐、味精各1/2小匙，料酒2大匙，淀粉1大匙，植物油750克。

备 2.

牛肉洗净、切条，加入味精、料酒、蛋液、嫩肉粉、淀粉抓匀；杭椒洗净，切去两端。

做 3.

锅中加油烧热，放入杭椒滑至翠绿，捞出沥干；锅中留底油，放入杭椒、牛肉、精盐、味精、料酒炒匀，再用水淀粉勾芡即可。

Tips 杭椒富含蛋白质、胡萝卜、维生素A、辣椒碱、辣椒红素、挥发油以及钙、磷、铁等矿物质。它既是美味佳肴的好佐料，又是一种温中散寒、可用于食欲缺乏等症的食疗佳品。小贴士

备2.

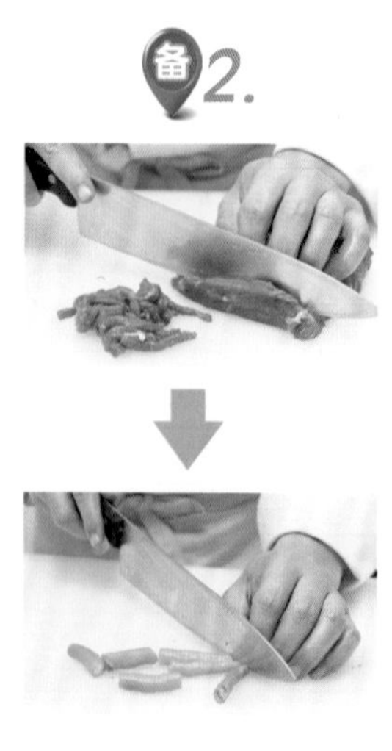

44 红焖肘子 20分钟

选 1.

猪肘子1个，葱段30克，姜片10克，八角2粒，花椒8粒，酱油1大匙，味精少许，水淀粉2大匙，蜂蜜2小匙，植物油500克。

备 2.

将肘子肉面剞上深十字花刀，肘皮相连，皮面朝下摆入碗中，再放入葱段、姜块、花椒、八角、酱油、清水，上屉蒸至熟烂。

做 3.

取出肘子，汤汁滗入炒锅，肘子扣在盘中；锅中汤汁烧开，加入味精调匀，用水淀粉勾芡，浇在肘子上即可。

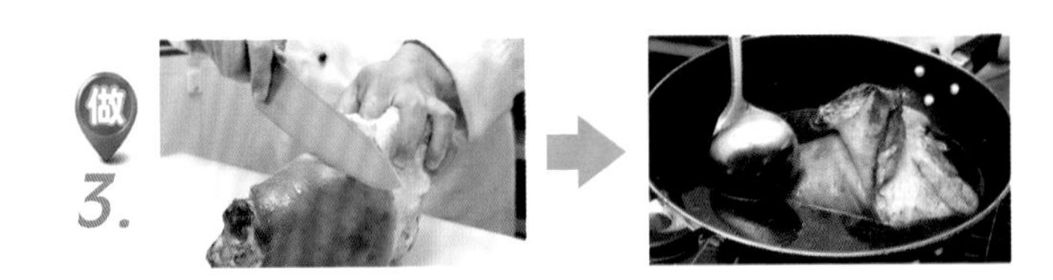

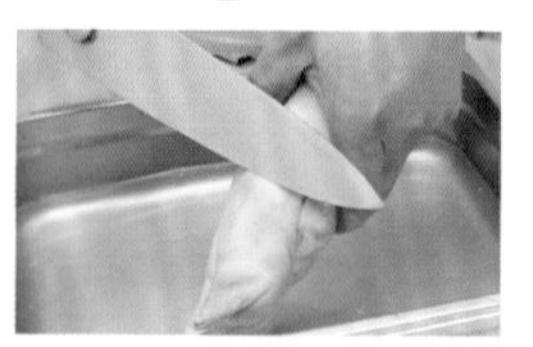

45 红烧猪蹄 40分钟

选 1.

猪蹄750克，葱段、姜块、蒜片各5克，料酒、精盐各1小匙，葱花、姜片、八角、味精、白糖、水淀粉各少许，鲜汤100克，植物油适量。

备 2.

坐锅点火，加入适量清水，先下入葱段、姜块、八角、猪蹄大火烧沸，煮至猪蹄熟透，捞出切块，然后放入热油中冲炸一下，捞出沥干。

做 3.

锅中加底油烧热，先下入葱花、姜片、蒜片、豆瓣酱炒香，再放入猪蹄，烹入料酒，加入精盐、白糖、鲜汤煨烧入味，然后加入味精调味，用水淀粉勾芡即可。

Tips 猪蹄分前蹄和后蹄，个人建议选购前蹄，因为前蹄肉质劲道，比起后蹄虽然肉要少一些，但味道和口感绝对是要高于后蹄的。

小贴士

46 滑蛋炒牛肉

30分钟

多嘴多舌

本菜中鸡蛋在炒制时可以相对多放一点油，这样可以使鸡蛋的口感更加软嫩，在与牛肉同炒时也可以防止由于火温过高使鸡蛋变老。

选 1.

牛肉片250克，鸡蛋4个，葱花15克，精盐、味精、胡椒粉各1/2小匙，植物油500克(约耗50克)。

备 2.

将鸡蛋磕入碗中，加入精盐、味精、胡椒粉、葱花和少许植物油搅匀，调成鸡蛋浆。

做 3.

坐锅点火，加油烧热，先下入牛肉片滑熟，捞出装入大碗中，加入鸡蛋浆拌匀，净锅上火，倒入牛肉片，边炒边淋入植物油，炒匀即可。

47 黄瓜拌肘花 20分钟

多嘴多舌 选购黄瓜的要点，色泽应亮丽，若外表有刺状凸起。若手摸发软，底端变黄，则黄瓜籽多粒大，已经不是新鲜的黄瓜了。

选 1.

熟猪肘肉250克，黄瓜100克，酱油3大匙，米醋2大匙，香油1小匙。

备 2.

熟猪肘肉切成大片；黄瓜去蒂、洗净，沥干水分，用刀背稍拍，切成象眼块。

做 3.

先将黄瓜块摆入盘中，再将切好的猪肘肉码在上面。将酱油、米醋、香油放入小碗中调匀，制成味汁，浇在猪肘肉上即可。

备 2.

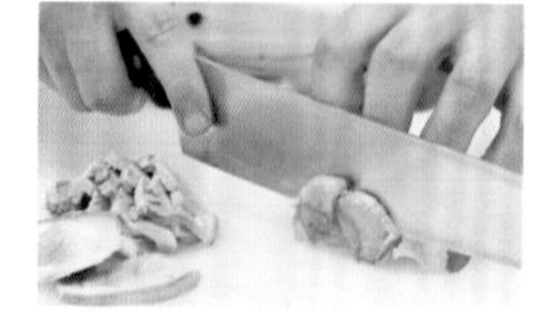

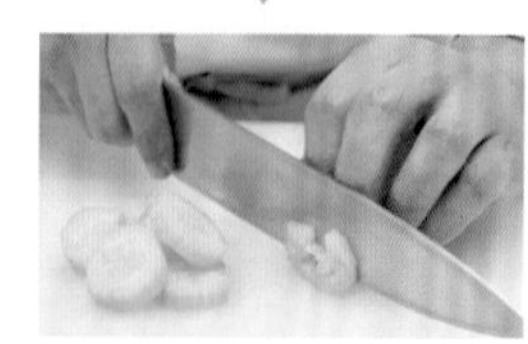

48 黄焖羊肉 40分钟

选 1.

羊腩肉300克，芋头150克，葱花、八角各少许，精盐、味精各1/2小匙，酱油2大匙，甜面酱1小匙，花椒粉、水淀粉、植物油各适量。

备 2.

羊肉洗净，切成大块，再放入清水锅中煮熟，捞出冲净；芋头去皮、洗净，切成滚刀块，再放入热油锅中炸至金黄色，捞出沥油。

做 3.

锅中留底油，先下入葱花、八角炒香，再放入甜面酱、酱油、精盐、花椒粉、羊肉、芋头，焖至熟烂，再调入味精，用水淀粉勾芡，即可出锅。

备 2.

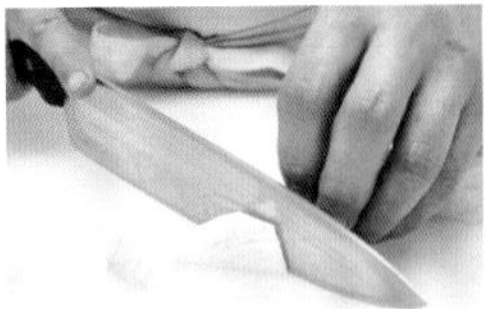

多嘴多舌

本菜在最后焖炒的过程中很容易因为火温控制不当导致焦煳，所以视情况不同可以添入适量清水。

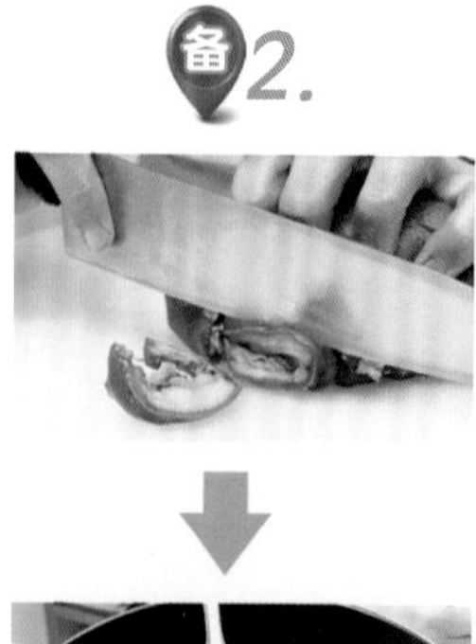

49 回锅肘片

选1.

熟肘子250克，蒜苗25克，红干椒15克，木耳5克，葱片10克，精盐、酱油、白糖、豆瓣酱、味精、植物油各适量。

备2.

猪肘子切成长方形薄片；红干椒、木耳用清水泡软，洗净；蒜苗洗净，切成小段。

做3.

锅加入油烧热，用葱片炝锅，加入豆瓣酱、白糖、味精、酱油和清汤烧沸，放入猪肘片、木耳块、红干椒、精盐，炒至入味，撒上蒜苗段调匀即可。

Tips 红干椒中的辣味成分辣椒素可增强食欲，被广泛应用在烹调中。红干椒中含有较多抗氧化物质，可预防癌症及其他慢性疾病，同时有利于呼吸道畅通，可治疗感冒。小贴士

50 家常锅包肉

30分钟

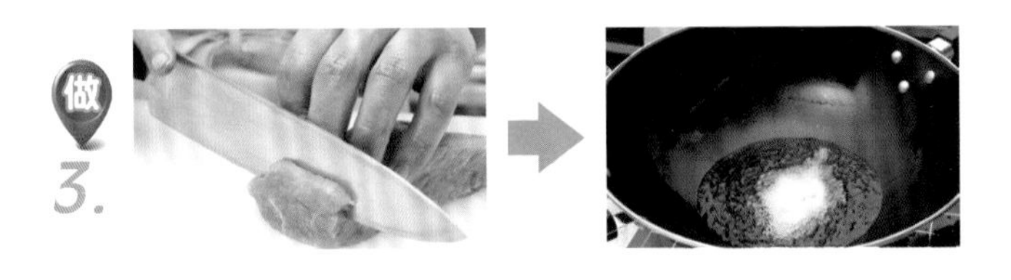

选 1.

里脊肉250克，香菜段10克，鸡蛋1个，葱、蒜各5克，精盐2小匙，味精1小匙，酱油1大匙，白糖3大匙，白醋1大匙，淀粉少许，植物油600克。

备 2.

猪肉洗净，切片，加入淀粉、鸡蛋及清水抓匀；将酱油、精盐、白醋、白糖、味精调成清汁。

锅中加油烧热，放入肉片炸至金黄，捞出，锅中留底油，放入葱、姜、蒜、猪肉片略炒，烹入清汁，撒上香菜段即成。

本菜中清汁在倒入锅中翻炒时，要迅速将清汁挂匀肉片，尽快出锅，否则容易使清汁焦糊粘锅。

小贴士

51 猪蹄花生红枣汤

3小时

选1.

鲜猪蹄1个，带皮花生米100克，大红枣80克，精盐1小匙，味精、料酒各适量。

将带皮花生米放入清水中浸泡2小时；猪蹄刮去残毛，用清水洗净，剁成小块，放入清水锅中烧沸，焯烫至透，捞出沥干。

做3.

猪蹄、花生、红枣连同泡花生的水一起放入锅中，再加入适量清水和精盐、味精、料酒；置旺火上烧沸，炖至猪蹄熟烂入味即可。

本菜中猪蹄的焯烫相对较慢，可以将猪蹄加少许清水放入高压锅中压制20分钟即可。

小贴士

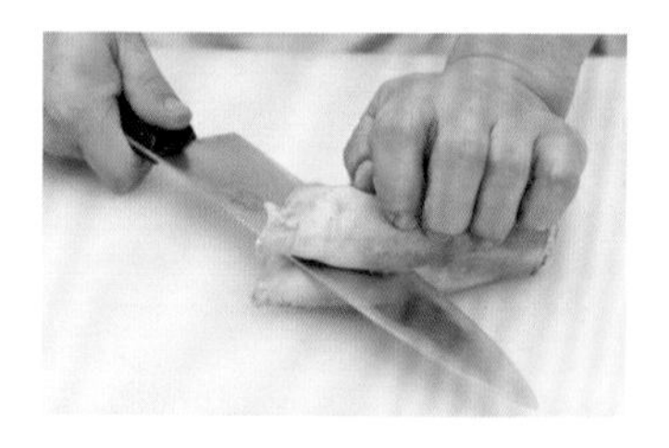

选购储存

如需长期保存生猪蹄，可把猪蹄剁成两半，在表面涂抹上少许黄油，用保鲜膜包裹起来，放入冰箱冷冻室内冷冻保存，食用时取出后自然化冻即可。

52 鱼香碎滑肉 20分钟

选 1.

净猪肉350克，黑木耳、水发兰笋各50克，泡辣椒20克，葱花15克，精盐1/2小匙，味精少许，酱油1大匙，白糖2大匙，植物油3大匙。

备 2.

猪肉切小片；木耳、兰笋切片；泡辣椒剁碎。碗中加入精盐、酱油、料酒、味精、白糖、豆粉、高汤配成芡汁。

3.

锅中加油烧热，放入肉片炒散，下入泡辣椒、葱花、木耳、兰笋炒匀，烹入芡汁即成。

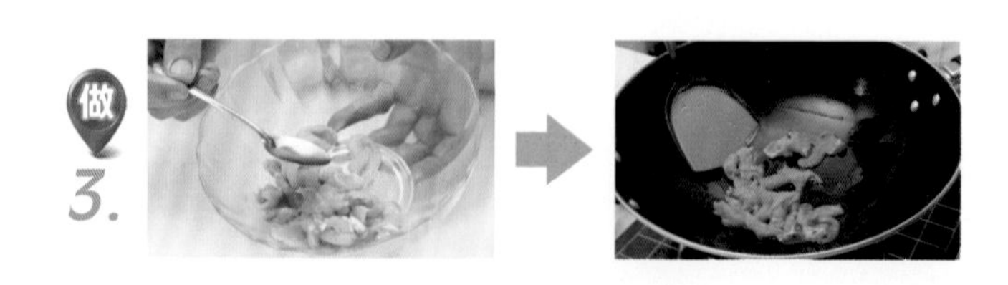

多嘴多舌 本菜中由于加入了本身就有咸味的泡辣椒和酱油所以没有额外加入精盐，如果口味略重的朋友可以添加少量精盐提鲜，不建议通过增加酱油的用量来调节咸淡。

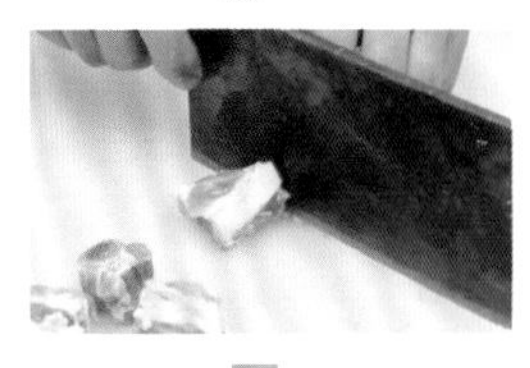

53 泡菜排骨煲 45分钟

选 1.

鲜猪崽排650克，土豆150克，泡酸菜25克，葱节5克，老抽2小匙，精盐、鸡精1大匙，胡椒粉2小匙，植物油500克。

2.

猪崽排剁成段；土豆去皮，切成块；泡酸菜切碎；将排骨同冷水入锅，上火烧沸捞出，冲装在大号砂锅内。

做 3.

适量清水、葱节、泡菜粒调入老抽、胡椒粉倒在砂锅内，置小火上，炖至排骨软烂，放入土豆块、精盐、鸡精，炖约15分钟即可。

Tips 本菜中精盐一定要尽量在最后环节加入，因为过早地加入精盐会使排骨肉质变硬。

小贴士

54 芹菜拌金钱肚 20分钟

多嘴多舌 芹菜营养十分丰富，含丰富的胡萝卜素和多种维生素等，对人体健康都十分有益。芹菜是高纤维食物具有抗癌防癌的功效，它经肠内消化作用产生一种木质素或肠内脂的物质，这类物质是一种抗氧化剂，高浓度时可抑制肠内细菌产生的致癌物质。

选 1.

金钱肚200克，芹菜30克，精盐、味精各1/3小匙，料酒2小匙，红油3大匙，红卤水1000克，葱节30克。

备 2.

将金钱肚放入有葱、料酒的锅中氽水捞起；卤水锅置火上烧至沸腾，放入金钱肚卤熟，捞起切片。

做 3.

芹菜洗净，切节，与葱节一起放入盘中垫底，肚片摆放入盘中；盆中用精盐、味精、少许卤水、红油充分调匀成味汁，淋入肚片上即成。

做 3.

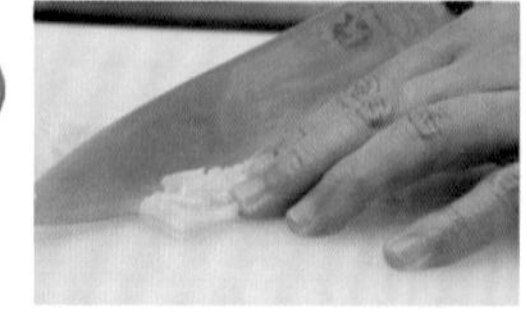

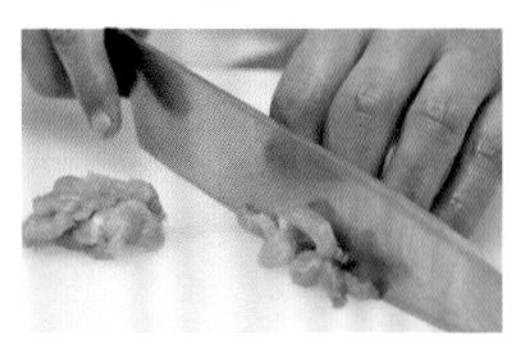

55 青豆炒肉丝 20分钟

多嘴多舌

青豆富含不饱和脂肪酸和大豆磷脂，有保持血管弹性、健脑和防止脂肪肝形成的作用，对前列腺癌、皮肤癌、肠癌、食道癌等几乎所有的癌症都有抑制作用。

选 1.

青豆250克，猪瘦肉100克，鸡蛋清2个，葱末10克，精盐、料酒各1小匙，味精、白糖、酱油各1/2小匙，水淀粉2小匙，植物油2大匙。

2.

猪肉洗净、切丝，用鸡蛋清、精盐、料酒、水淀粉抓匀，腌渍3分钟，再放入热油锅中滑熟，捞出沥油；青豆洗净、焯熟，捞出过凉。

做 3.

取一小碗，加入精盐、料酒、白糖、酱油、味精、水淀粉调匀，制成味汁；锅中加油烧热，先下入葱末炒香，再放入青豆、肉丝、味汁，炒至入味即可。

56 青椒牛肉丝 20分钟

多嘴多舌

本菜中可添加的小细节，牛肉洗净、切丝后，可以加入少量的料酒和淀粉拌匀，腌制片刻，再入锅翻炒，可以使口感更加软嫩。

1.

牛肉300克，青椒丝200克，植物油3大匙，料酒1/2大匙，酱油1/2小匙，淀粉1/2大匙，精盐、白糖各1小匙，麻油、味精各1/2小匙。

备 2.

牛肉洗净，切丝；青椒丝焯水，捞出。

做 3.

锅中加油烧热，放入牛肉丝炒至变色，加入青椒丝和剩余调料炒匀即可。

选购储存

本菜中牛肉的选择最好是牛里脊肉，因为里脊肉肉质细嫩易熟，适于爆炒、滑熘、软炸。

57 肉末炒芹菜

选 1.

芹菜300克，猪五花肉150克，葱末少许，精盐、味精1小匙，白糖1/2小匙，酱油2小匙，植物油1大匙。

备 2.

将芹菜去根及叶，洗净沥干，切成小段；猪肉洗净，剁成碎末。

做 3.

锅中加油烧热，先下入猪肉末炒至变色，再放入葱末炒香，然后加入芹菜段、酱油、料酒、精盐、味精、白糖和适量清水炒至收汁即可。

Tips 芹菜的储存：在芹菜根部洒点水然后再放进塑料袋里面，可以保鲜7～10天左右。

小贴士

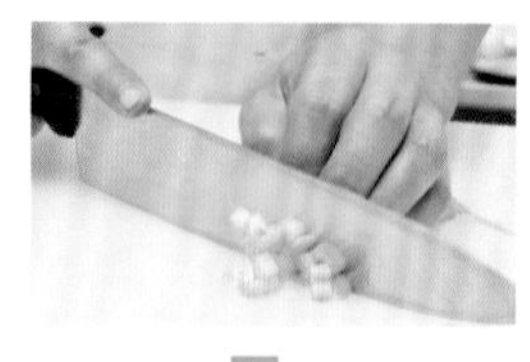

58 肉片口蘑 20分钟

选 1.

口蘑150克，里脊肉150克，水淀粉35克，葱段少许，酱油1大匙，白糖1小匙，味精3克，精盐1/2小匙，葱油50克，植物油600克。

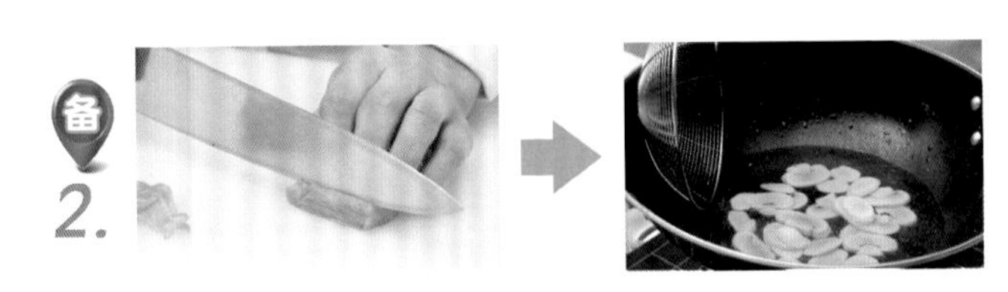

备 2.

里脊肉洗净，切片；口蘑洗净，用沸水焯烫一下，捞出。

做 3.

锅中加油烧热，放入葱段，炒香，放入酱油、味精、白糖、胡椒粉烧沸，放少许精盐，再下入里脊片、口蘑炒匀，用水淀粉勾芡，淋葱油即可。

本菜在炒制时应控制好火候和时间，当肉片变色且松软时为宜，过久的炒制会使口蘑水分大量流失。

小贴士

59 傻小子排骨

30分钟

选 1.

排骨500克，土豆300克，大葱10克，精盐2小匙，味精少许，酱油3大匙，啤酒500克，豆瓣酱2大匙，红腐乳1块，植物油适量。

备 2.

排骨洗净，切成小段；土豆去皮，洗净，切块；大葱择洗干净，取1/2切成小段，剩余的1/2切成小片。

做 3.

取高压锅，加入适量油，放入排骨、葱段上火炒至变色，再加入啤酒、豆瓣酱、腐乳、酱油调味，然后放入土豆，转大火炖至收浓汤汁，出锅即成。

土豆的储存：土豆应放在背阴的低温处，切忌放在塑料袋里保存，否则塑料袋会捂出热气，让土豆发芽。

小贴士

Part 3
禽蛋豆制品

禽蛋豆制品初加工

qindandouzhipinchujiagong

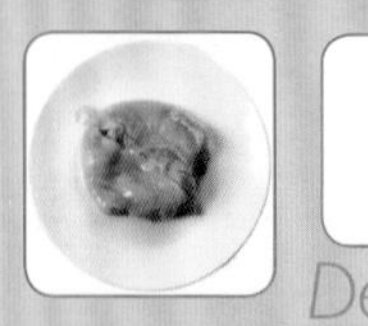

Delicious

营养价值

禽类比畜肉营养价值高。首先，禽肉蛋白质含量高，是优质蛋白质的来源之一。其次，脂肪含量低，禽肉脂肪中含有丰富的不饱和脂肪酸，例如人体必需脂肪酸——亚油酸，易被人体消化吸收，这是禽肉脂肪的一个特点。此外禽肉及内脏都含有较丰富的维生素A、B族维生素、维生素D、维生素E，特别是禽类的肝脏中维生素A的含量十分丰富。另外，禽类所含矿物质中以磷、铁含量较多。

砂锅炖禽营养高

家庭中有时为了方便、快捷，使用高压锅炖制家禽，虽然不到半小时连骨头都能炖碎了，可是吃起来不够鲜香。因为高压锅有高压和高温双重作用，尽管禽类很快炖熟了，但由于时间过短，食物中的氨基酸、肌苷等有鲜味的物质很少溶解于汤中，来不及散发应有的香味。另外过高的温度及高压对某些营养素有一定程度的破坏。

鸡胸肉切片

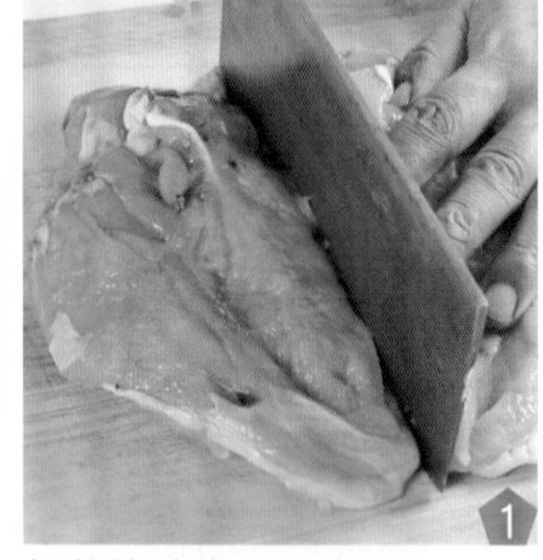

1 将整块鸡胸肉切成两半。

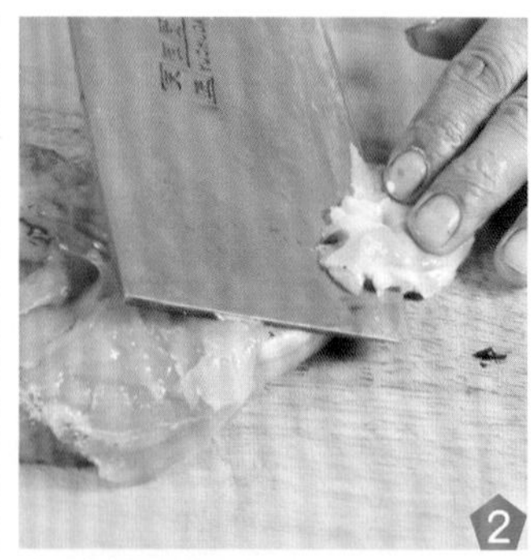

2 去除筋膜及杂质，洗净沥干。

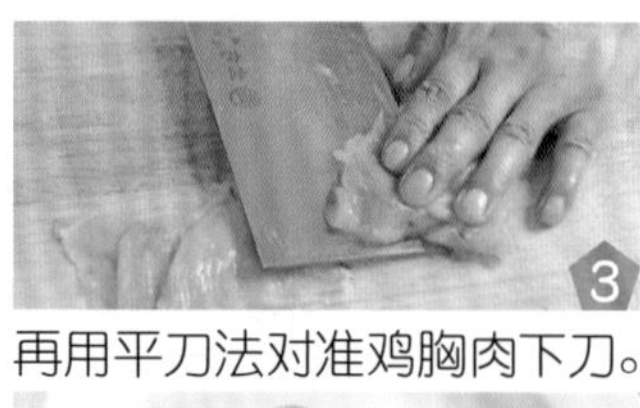

3 再用平刀法对准鸡胸肉下刀。

4 即可片成大小均匀的鸡肉片。

鸡胸肉剁蓉

1 鸡胸肉去除筋膜，洗净沥干。

2 先切成较细的鸡肉丝。

3 再切成绿豆大小的粒。

4 然后用刀背剁成鸡肉蓉即可。

鸡腿剁大块

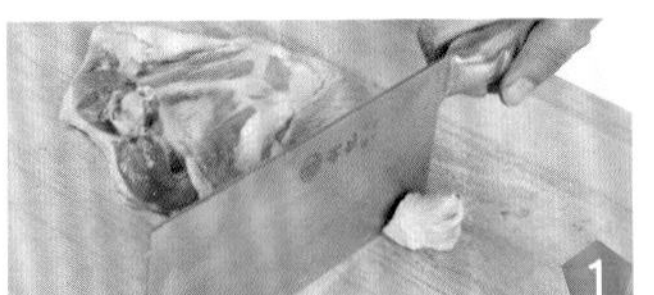
鸡腿洗净，剁去腿骨尾部。

举起菜刀，用力向下砍去。

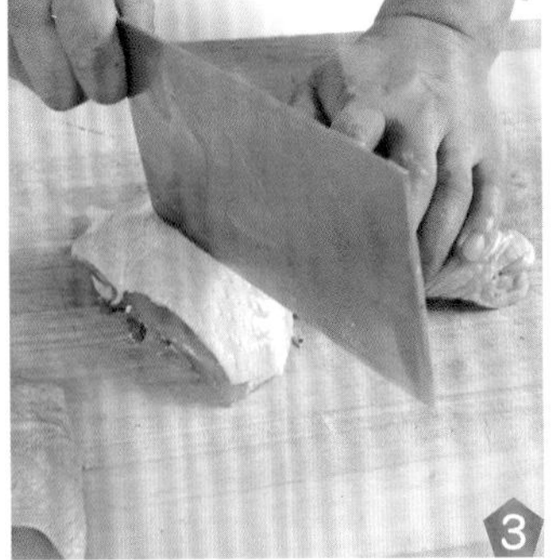
再将刀刃对准要砍部位。

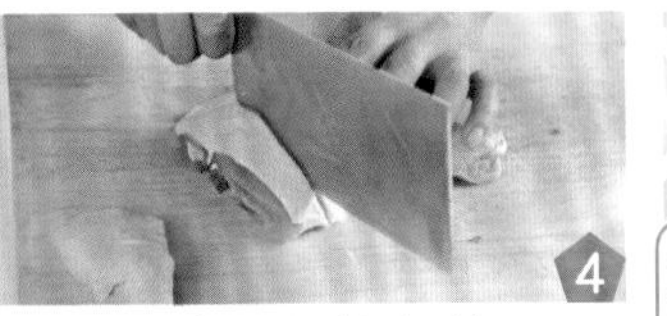
待鸡腿剁断后，抬起菜刀。

继续间隔2～3厘米，剁成块。

鲜鸭肠的处理

鸭肠顺长剪开，刮去油脂。

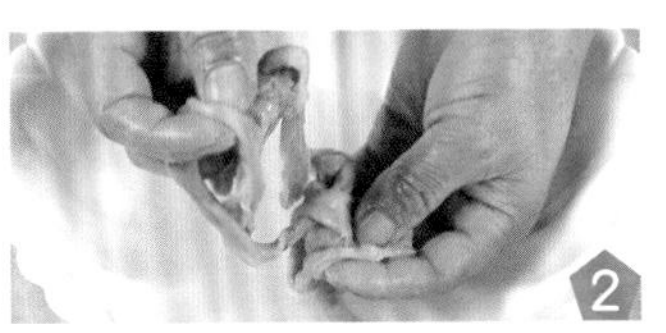
再放入清水中洗净。

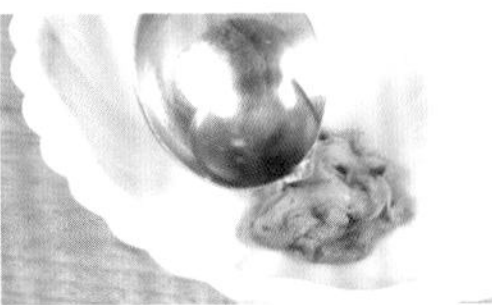
然后加入少许白醋拌匀。

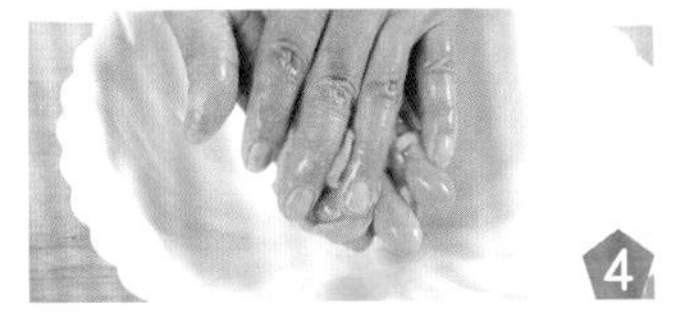
反复揉搓均匀(以去除腥味)。

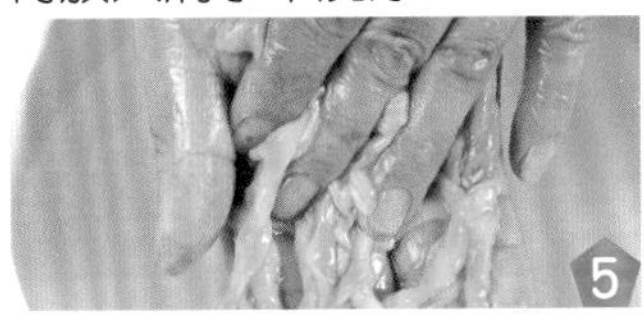
再换清水漂洗干净。

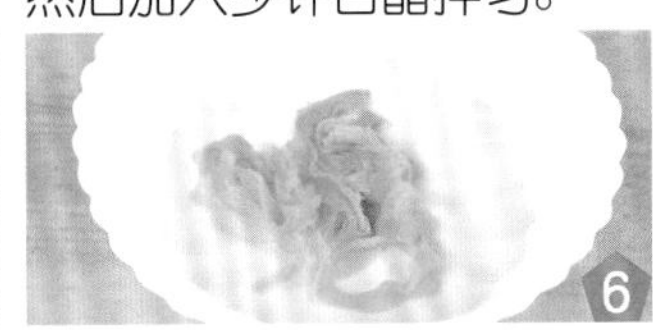
用清水浸泡，以备制作菜肴。

鸡胸肉切丝

①将鸡胸肉剔去筋膜，洗净沥干。

②放在案板上，用刀片成大片。

③再将鸡肉片直刀切细，即为鸡肉丝。

④鸡肉丝有粗丝、细丝之分，用于滑炒的丝应细些，用于清炒的丝应粗些。

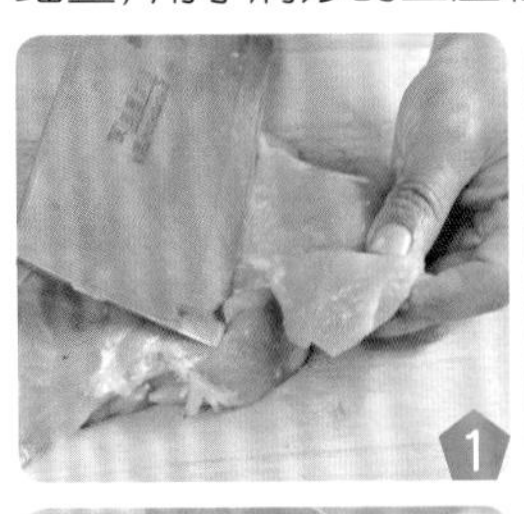

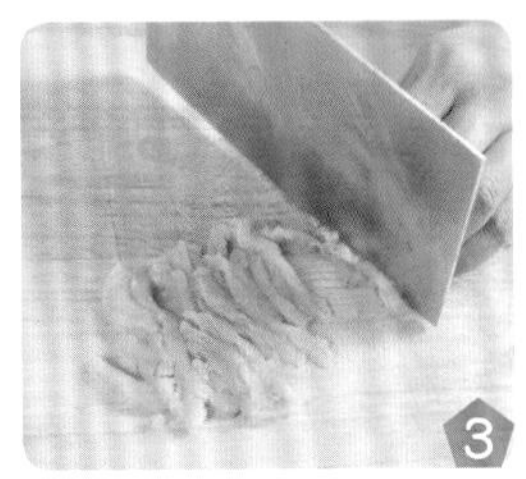

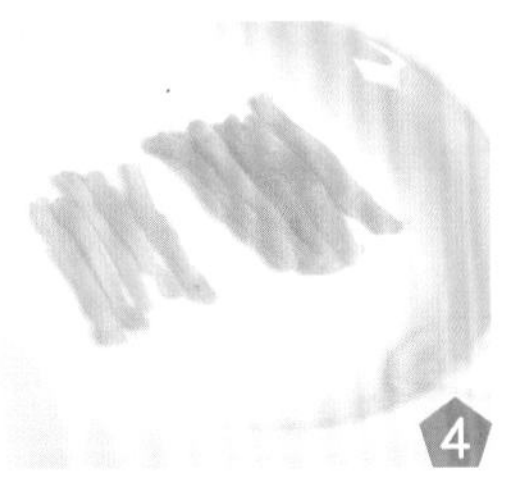

鸡胸肉切丁

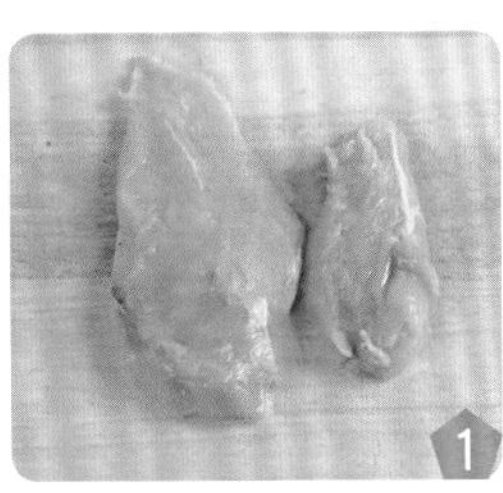

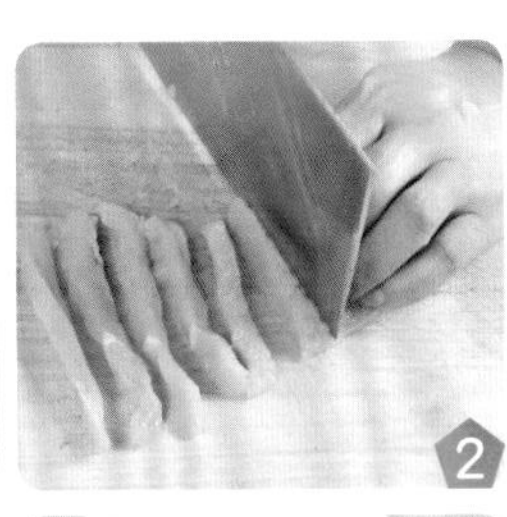

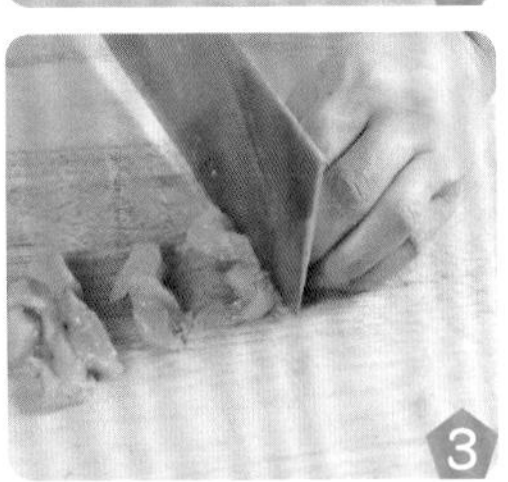

①鸡胸肉洗净，剞上浅十字花刀(也可不剞)。

②再切成1～2厘米左右的条状。

③然后用直刀切成大小均匀的正方体丁状。

④丁的规格有多种，家庭中可以根据菜肴制作的要求灵活掌握。

鹌鹑的宰杀

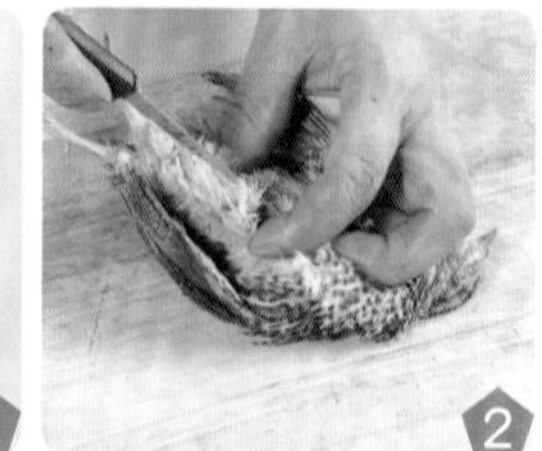
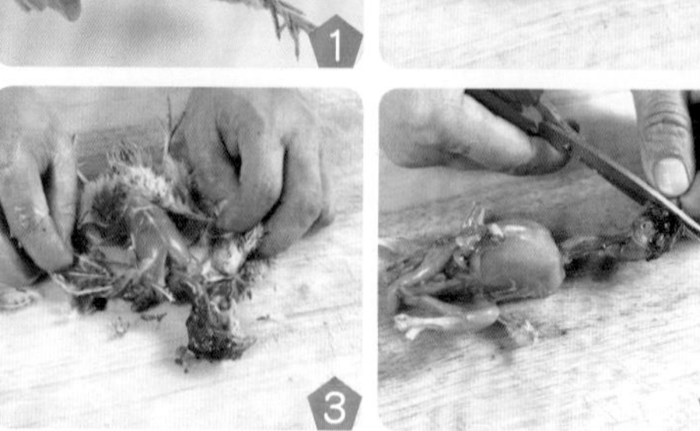

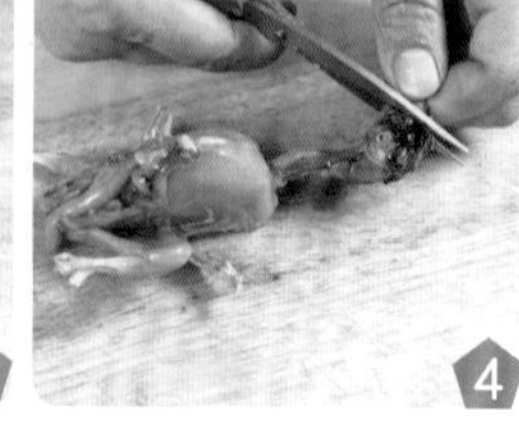

①先用手指猛弹鹌鹑的后脑部，使其昏迷。
②再乘其昏迷，用剪刀剪开鹌鹑腹部的表皮。
③连同羽毛一起将鹌鹑的外皮撕下。
④然后用剪刀剪去嘴及脚爪。

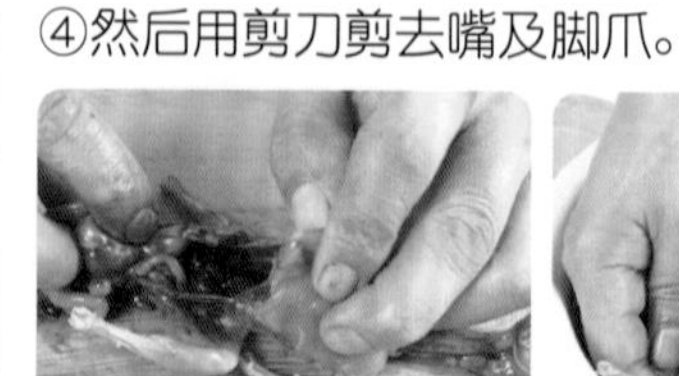

⑤用手伸进鹌鹑腹腔内将内脏掏出。
⑥再用清水洗净，沥干水分即可。
⑦另外，掏出的鹌鹑肝和胃也不要丢弃。
⑧可放入鹌鹑腹腔内一起炒制成菜。

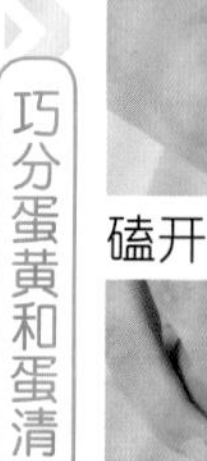

巧分蛋黄和蛋清

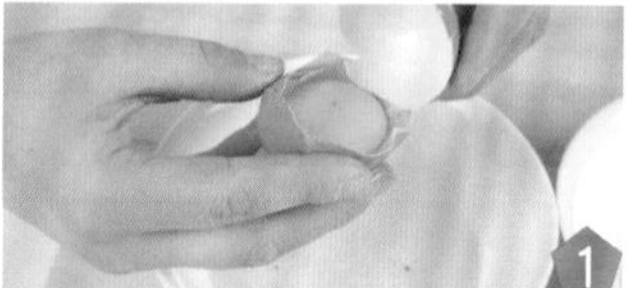
磕开蛋壳后滤出蛋清。

或把分蛋器架在碗上。

直接把鸡蛋磕在上面。

蛋黄和蛋清就自动分开了。

熟鸡油的加工

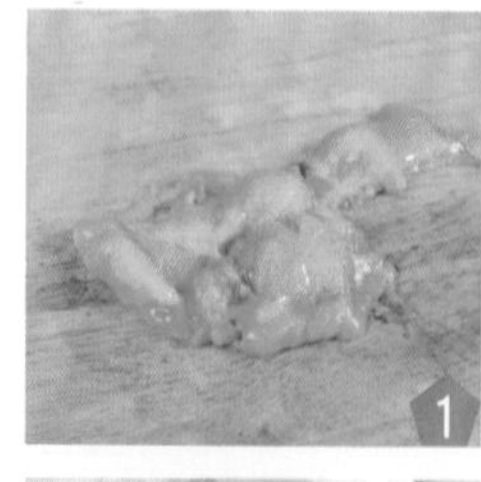
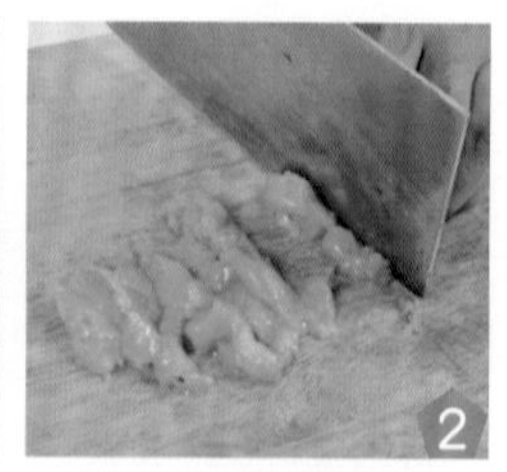

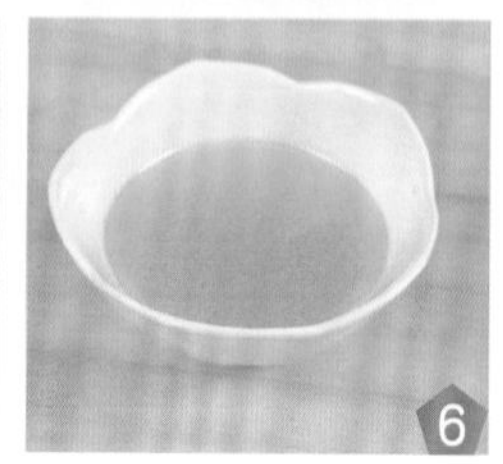

①鸡腹内的油脂加工后可作为熟鸡油使用。
②可先将鸡油洗净，用刀切碎。
③再放入容器中，加入葱段、姜片拌匀。
④然后入锅用旺火蒸至油脂熔化，取出。
⑤去除葱段、姜片等杂质。
⑥即为色黄而香的熟鸡油。

腐竹切条块

容器内加入清水，放入腐竹。

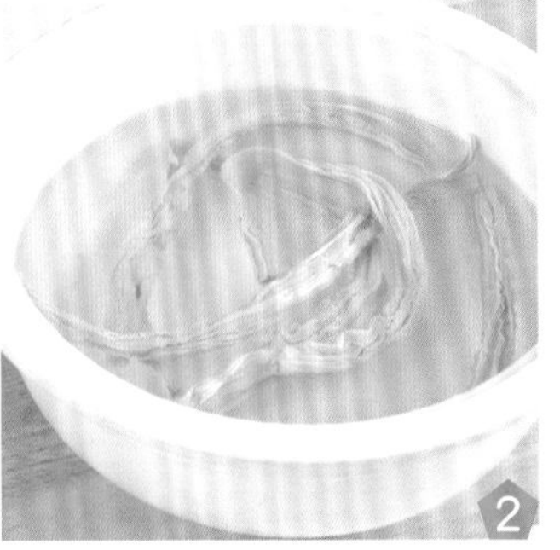
浸泡至腐竹涨发，攥干水分。

可用斜刀切成菱形小块。

也可用直刀切成小段。

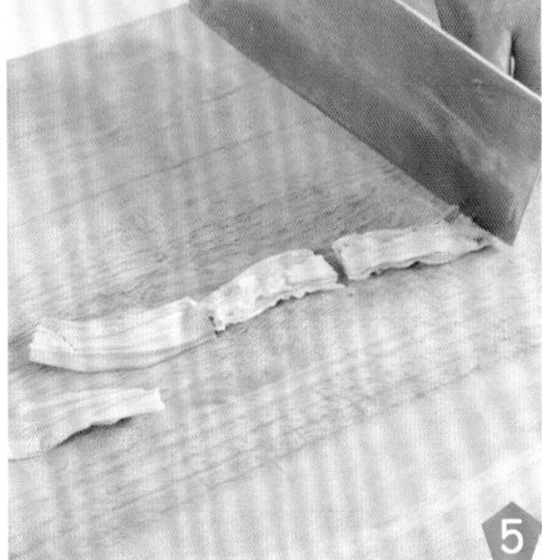
还可先把腐竹切成长段。

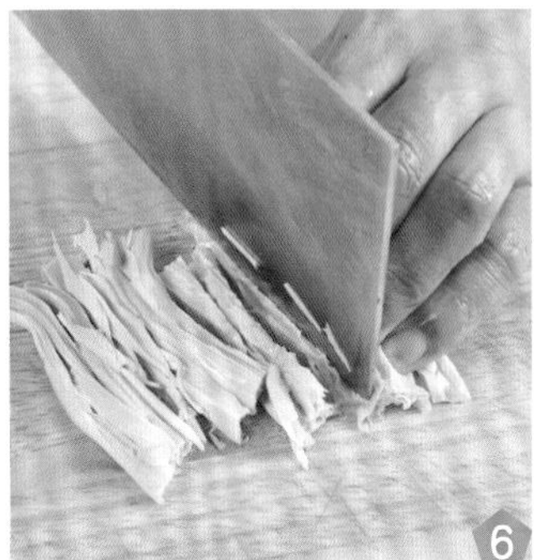
再顺长切成均匀的细丝即可。

香干巧切制

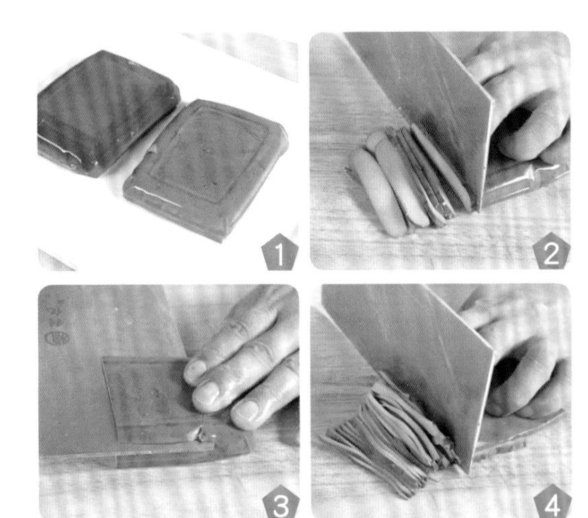

①香干的种类较多，其中加有酱油、五香粉、辣椒等调味料卤煮而成的豆腐干，根据口味被分为茶干、卤干、五香豆腐干、辣豆腐干等。
②香干切制的方法较简单，可以直接切成小片。
③如果想切成丝，需要先用平刀法片成薄片。
④再用直刀法切成丝即可。

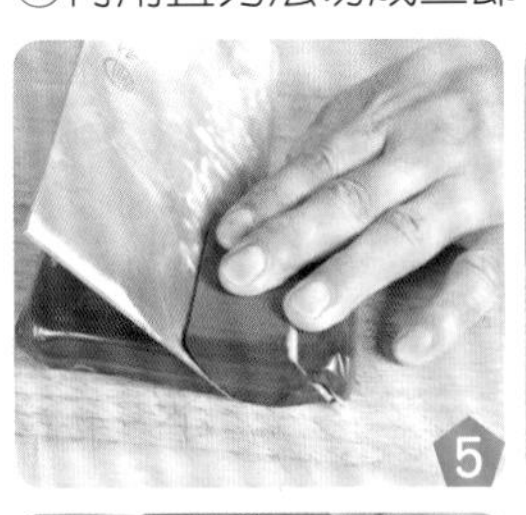
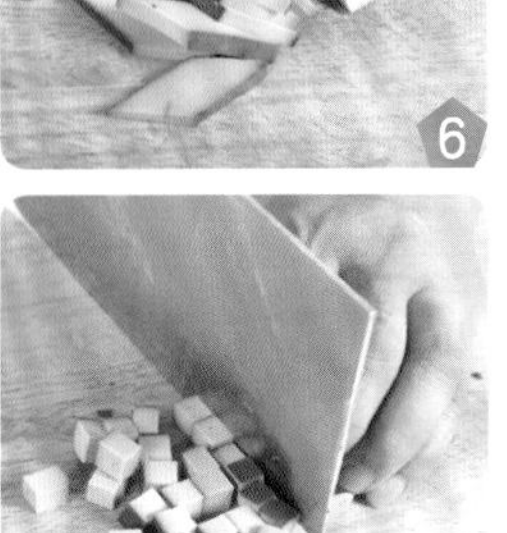

⑤如果想切成菱形小片，需要先用斜刀法将香干切成菱形块。
⑥再用直刀法切成菱形片。
⑦如果需要将香干切成条，可以根据菜肴的要求直接切制。
⑧切丁时，可以将香干条切成大小均匀的丁。

01 XO酱豆腐煲 30分钟

1.

北豆腐1块，猪肉馅100克，洋葱80克，红尖椒50克，虾米15克，蒜蓉5克，精盐1/2小匙，味精少许，辣酱2大匙，蚝油5小匙，水淀粉1大匙，植物油适量。

备2.

洋葱去皮、洗净，切成末；红尖椒择洗干净，切片；水发木耳择洗干净，撕成小朵；虾米放入碗中，加入热水泡软，捞出沥水；豆腐洗净，切成块，放入淡盐水中炖煮片刻，捞出过凉，沥去水分。

做3.

锅中加油烧热，先下入洋葱末炒至金黄色，放入蒜蓉、虾米炒香，再放入猪肉馅、辣酱炒匀，加入蚝油、味精调好口味成XO酱，盛出一半另用，然后放入豆腐块烧煮，用水淀粉勾芡，撒入红椒片炒匀，倒入汤煲中即可。

02 鹌鹑煲海带 40分钟

选 1.

鹌鹑2只，水发海带300克，葱段、姜片各10克，精盐、鸡精各1/2小匙，料酒、植物油各1大匙，鸡汤1000克。

备 2.

将海带洗净，切丝，再放入沸水锅中焯透，捞出沥干；鹌鹑洗涤整理干净，剁成大块，放入清水锅中烧沸，焯去血水，捞出沥干。

做 3.

锅中加油烧热，先下入葱段、姜片炒香，再放入鹌鹑块、料酒煸炒至略干，然后添入鸡汤，放入海带丝烧沸，转小火炖至鹌鹑熟透，加入精盐、鸡精调味，即可装碗上桌。

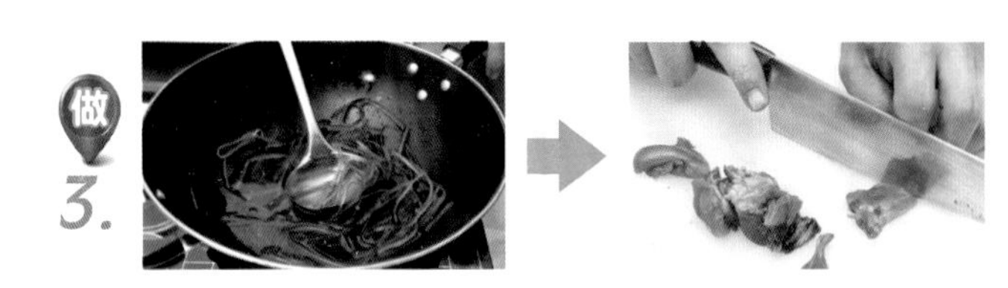

Tips

鹌鹑肉是典型的高蛋白、低脂肪、低胆固醇食物，特别适合中老年人以及高血压、肥胖症患者食用。鹌鹑可与补药之王人参相媲美，誉为"动物人参"。

小贴士

03 鹌鹑蛋炖红枣

选 1.

鹌鹑蛋10个，红枣50克，红糖适量。

红枣用清水洗净；鹌鹑蛋洗净，放入清水锅中烧沸，煮5分钟至熟，捞出过凉，剥去外壳。

做 3.

取炖盅1个，放入鹌鹑蛋、红枣，加入红糖，添入适量清水，将炖盅放入蒸锅中，置旺火上烧沸，转中火隔水炖约40分钟，取出上桌即可。

鹌鹑蛋的营养价值不亚于鸡蛋，丰富的蛋白质、脑磷脂、卵磷脂、赖氨酸、胱氨酸、维生素A、维生素B_2、维生素B_1、铁、磷、钙等营养物质，可补气益血，强筋壮骨。

小贴士

04 八宝豆腐 30分钟

多嘴多舌 豆腐有高蛋白、低脂肪、降血压、降血脂、降胆固醇的功效，是生熟皆可，老幼皆宜，养生摄生、益寿延年的美食佳品。

选1.

豆腐2块，熟猪肚块、水发海参片、净鱿鱼片、水发冬菇块、熟火腿片、青豆、玉米笋、水发海米各适量，精盐2小匙，味精1小匙，水淀粉1大匙。

备2.

豆腐洗净，切成片，放入烧沸的高汤锅中煮约5分钟，捞出沥水，码放入盘中。

做3.

高汤锅中加入猪肚、鱿鱼、海参、冬菇、火腿、青豆、玉米笋煮约10分钟，再加入精盐、味精，用水淀粉勾芡，浇在豆腐片上即可。

05 八宝老鸡煲精肉

多嘴多舌　本菜中可以添加的小细节，就是在下入精盐和味精之前，可以先将料包以及葱段捺出不用，以免稀释了味精和精盐的味道。

选 1.

鸡肉1250克，猪肉500克，料包1个(熟地、当归各15克，党参、茯苓、白术、白芍各10克，川芎7克，炙甘草6克)，葱段10克，精盐、味精各1大匙。

备 2.

将猪肉、鸡肉分别洗涤整理干净，沥去水分，均切成小块。

做 3.

锅中加入适量清水，放入猪肉块、鸡肉块、料包烧沸，下入葱段，转小火炖至熟烂，再加入精盐、味精调味，即可出锅装碗。

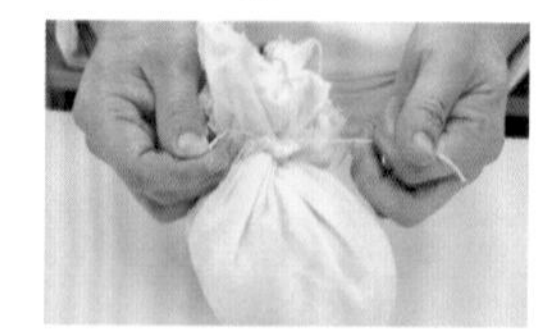

06 八爪鱼煲 40分钟

选 1.

八爪鱼400克，罗汉笋、豆角各50克，莴笋条40克，香菜段20克，葱段、姜片、干葱蓉、蒜蓉、精盐、水淀粉、沙拉油各适量。

备 2.

豆角洗净，切段；罗汉笋洗净，与豆角段一起入沸水中焯烫一下，捞出沥干；八爪鱼洗净、切块，放入沸水中略焯，捞出沥干。

做 3.

锅中加油烧热，下入蒜蓉、干葱蓉炒香，放入八爪鱼，翻炒均匀，出锅装盘；锅留油烧热，放入豆角、莴笋、罗汉笋略炒，加入适量清水烧沸，加入精盐，用水淀粉勾薄芡，倒入煲内，撒上香菜段即可。

2.

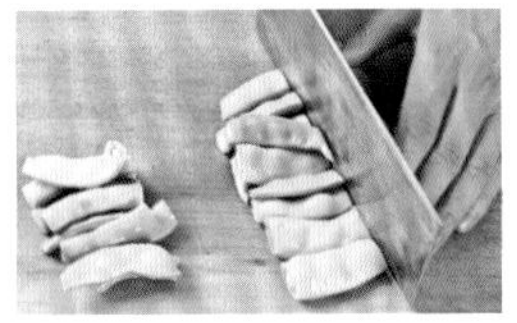

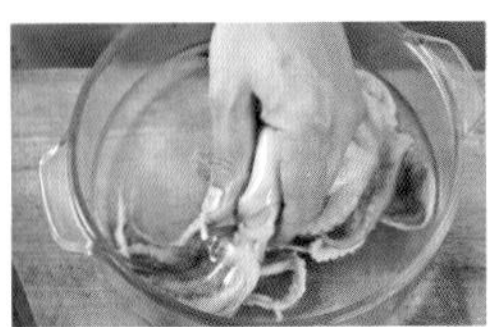

07 八爪鱼炒菜心

25分钟

选 1.

净菜心300克，八爪鱼200克，蒜蓉、姜末、精盐、味精、白糖、胡椒粉各少许，水淀粉1大匙，料酒、姜汁酒各2小匙，沙拉油3大匙。

备 2.

八爪鱼洗净放入碗中，加入姜汁酒拌匀并腌渍10分钟，放入沸水锅中焯烫，捞出；菜心洗净，在根部剞上十字花刀，放入沸水中焯烫一下，捞出沥水。

做 3.

锅留底油烧热，下入姜末、蒜蓉炒香，放入菜心和八爪鱼炒匀，烹入料酒，加入精盐、味精、白糖和胡椒粉调味，用水淀粉勾薄芡，即可出锅装盘。

Tips 本菜中八爪鱼在加入调料翻炒前，可以先另起油锅加热冲炸一下，保证八爪鱼的口感。

小贴士

08 白果腐竹炖乌鸡

2小时

选 1.

净乌鸡1只，水发腐竹200克，白果150克，葱节20克，姜片3片，精盐1大匙，味精、料酒各4小匙，鸡精1大匙，胡椒粉2大匙。

备 2.

净乌鸡剁成骨牌块，放入清水锅中烧沸，煮约8分钟，捞出洗净；白果去壳、去心；水发腐竹切段，入锅焯透，捞出过凉，挤干水分。

做 3.

锅中加入适量清水，放入乌鸡块、白果和腐竹段烧沸，再加入精盐、味精、鸡精和胡椒粉，倒入汤盆中，上笼用中火蒸至鸡块软烂，取出上桌即可。

Tips 乌鸡是补虚劳、养身体的上好佳品。食用乌鸡可以提高生理机能、延缓衰老、强筋健骨。

小贴士

09 白玉双菌汤 20分钟

选1.

老豆腐400克，竹荪50克，干香菇20克，姜片5克，葱花少许，精盐1/2小匙，味精、胡椒粉各1/3小匙，鸡精、香油各1小匙，鲜汤1000克，植物油适量。

备2.

老豆腐片去老皮，洗净，切成片，再放入沸水锅中焯烫一下，捞出沥水；竹荪洗净、涨发，先切去菌盖，再切成段；干香菇泡软，切块；锅中加入清水烧沸，下入竹荪和香菇焯烫，捞出沥水。

做3.

锅中加油烧热，下入姜片煸炒出香味，倒入鲜汤烧沸，再放入豆腐片稍煮，然后放入竹荪和香菇烧沸，加入精盐、味精、胡椒粉调味并烧煮入味，出锅盛入汤碗内，淋入香油，撒上葱花即成。

选购储存

把豆腐放在清水中浸泡，一天换两三次水，豆腐不会发黏变质。

10 百叶结虎皮蛋

20分钟

选1.

熟鹌鹑蛋400克，百叶结150克，腊肉丁100克，青椒条25克，蒜瓣10克，精盐、白糖、胡椒粉、酱油、水淀粉、植物油各适量。

备2.

把净鹌鹑蛋放在容器内，加上少许精盐、酱油调拌均匀至上色。

做3.

锅中加油烧热，放入鹌鹑蛋煎炸至琥珀色，加入蒜瓣，放入腊肉丁煎出油，再加入百叶结炒匀，倒入适量清水，然后加入酱油、精盐、白糖和胡椒粉烧煮至沸，盖上锅盖，转小火烧焖5分钟，放入青椒条，用水淀粉勾芡，出锅装盘即成。

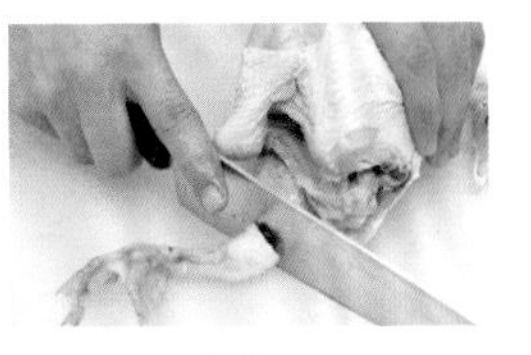

11 板栗炖仔鸡 20分钟

选1.

仔鸡1只（约1500克），板栗20个，精盐、味精、酱油、植物油各1大匙，料酒5小匙。

备2.

仔鸡去毛、除内脏，洗净，切成长方块，放入大碗中，加入酱油、料酒、精盐拌匀；板栗洗净，放入清水锅中煮熟，捞出去壳。

做3.

锅中加油烧热，放入板栗、鸡块，加入酱油煸炒，再加入适量清水烧沸，转小火炖至熟烂，然后加入精盐、味精调味，出锅装碗即成。

本菜中鸡块在炒制之前，可以先下入热油锅中冲炸一下，增添鲜味，也更易炖熟。

小贴士

12 爆捶桃仁鸡片

25分钟

多嘴多舌

鸡肉蛋白质中富含全部必需氨基酸，其含量与蛋、乳中的氨基酸谱式极为相似，因此为优质的蛋白质来源。

选 1.

鸡胸肉400克，核桃仁100克，黑木耳50克，青椒、红椒各30克，葱花8克，精盐1小匙，味精、胡椒粉各1小匙，水淀粉、植物油各2大匙。

备 2.

鸡胸肉洗净，片成片，两面蘸上干淀粉，用擀面捶杖砸成大薄片，再切成小片，入沸水锅焯烫，捞出；青椒、红椒洗净，均切成块。

锅中加油烧热，下入葱花、姜片炒香，再放入核桃仁、青椒块、红椒块、木耳及少许清水炒匀，然后加入精盐、胡椒粉、料酒、味精翻炒至入味。用水淀粉勾薄芡，再放入鸡片炒匀即可。

13 菠菜拌干豆腐 20分钟

多嘴多舌

本菜可以添加的小细节，干豆腐可以在切条后，放入沸水锅中焯烫一下，以增强干豆腐的口感，让干豆腐更加松软易于入味。

选1.

菠菜250克，干豆腐125克，红干椒、葱白各15克，花椒15粒，精盐、白糖、香醋各2小匙，植物油1小匙。

备2.

菠菜择洗干净，下入沸水锅中，加入少许精盐焯烫2分钟，捞出沥水，切段；干豆腐切成条；葱白切成丝；红干椒洗净，切段；花椒洗净。

做3.

菠菜段加入干豆腐条、葱丝、香醋、白糖、精盐调拌均匀。锅中加油烧热，下入花椒，用小火炸香，离火后放入红干椒段煸炒至酥脆，浇在菠菜、干豆腐上即成。

14 菠萝豆腐

20分钟

多嘴多舌

本菜注意细节，豆腐在入热油锅的时候要注意轻放，不可离油锅过高以免溅起热油，豆腐放入后迅速将手移开，因为豆腐中含水较多，入油锅会有少量热油溅出。

选 1.

豆腐400克，菠萝丁100克，葱段、蒜片各5克，精盐、米醋、味精各1小匙，番茄酱4小匙，水淀粉各2小匙，淀粉2大匙，植物油800克。

备 2.

豆腐洗净，入锅焯水，捞出，切成小丁，再拍上淀粉，下入七成热油锅中炸至金黄色，捞出。

做 3.

锅中加油烧热，先下入葱段、蒜片炸香后捞出，再放入番茄酱炒匀，加入精盐、清水烧沸，勾芡，淋入白醋，放入菠萝丁、豆腐块炒匀即成。

选购储存

豆腐易变味，不好存放，可用盐水使豆腐保鲜。这样可使豆腐保持一星期不变质，用豆腐做菜时，可不放盐或者少放些盐。

15 菠萝鸡块 30分钟

选 1.

净嫩鸡500克，菠萝100克，葱花5克，精盐1/2小匙，味精、酱油各1小匙，料酒2小匙，水淀粉3小匙，植物油4小匙。

2.

将嫩鸡洗净，剁成块，下入清水锅中烧沸，焯烫至透，捞出；菠萝去皮，切成块。

做 3.

锅中加油烧热，下入葱花爆香，放入鸡肉块炒匀，然后加入酱油和适量清水烧沸，烧至鸡肉块熟透，放入菠萝块炒匀，加入精盐和味精调味，用水淀粉勾芡即可。

鸡肉的保鲜储存：可把光鸡擦去表面水分，用保鲜膜包裹后放入冰箱冷冻室内冷冻保鲜，一般可保鲜半年之久。

小贴士

16 草菇炒鸡心 20分钟

选 1.

鸡心200克，草菇150克，红辣椒1根，葱花10克，精盐1大匙，料酒、蚝油各2大匙，胡椒粉、白糖、水淀粉各少许，植物油适量。

备 2.

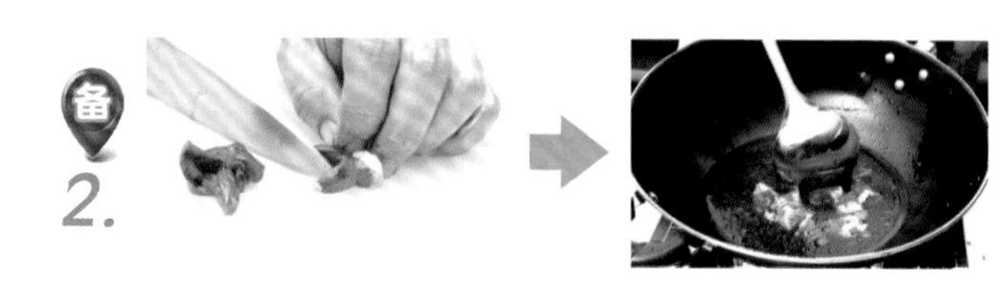

鸡心洗净，剞上花刀，加入料酒拌匀，放入沸水锅内焯烫，捞出；草菇洗净，放入沸水锅内焯烫，捞出冲凉；红辣椒去蒂，切块。

做 3.

锅中加入植物油烧热，下入葱花炒香，放入鸡心、红辣椒和草菇同炒，加入料酒、蚝油、胡椒粉、白糖炒匀，用水淀粉勾芡即可。

Tips 本菜中葱花入锅炒香的环节，时间和火候要掌握好，不可火势过急过高，会使葱花焦煳。

小贴士

17 草菇蒸鸡

30分钟

选 1.

雏母鸡肉350克，干草菇100克，葱段、姜片各10克，精盐、白糖各少许，酱油1小匙，料酒、水淀粉各2小匙。

干草菇泡发，捞出草菇，原汤澄清后留用，将草菇放入温水盆中，去蒂，撕去表皮，洗净泥沙，放入碗中。

做 3.

雏母鸡肉洗净，剁成块，加入草菇、澄清的草菇汤、精盐、酱油、料酒、白糖、香油、水淀粉、葱段、姜片拌匀，上屉用大火蒸约20分钟，取出即可。

鸡肉的选购：要注意鸡肉的外观、色泽、质感。一般质量好的鸡肉颜色白里透红，有亮度，手感光滑。

18 茶树菇老鸭煲

2小时

多嘴多舌

鸭的营养价值很高，可食部分鸭肉中的蛋白质含量约16%～25%，比畜肉含量高得多。鸭肉蛋白质主要是肌浆蛋白和肌凝蛋白。

选 1.

净肥鸭半只，干茶树菇50克，红枣25克，葱段15克，精盐2小匙，味精1小匙，胡椒粉少许，生抽、料酒各1大匙，高汤1000克。

备 2.

干茶树菇放入盆中，加入清水浸泡至软，择洗干净，用沸水焯透，切段，净肥鸭剁成块，放入清水锅中，加入料酒烧沸，煮约5分钟，捞出冲净，控干水分。

做 3.

锅置火上，加入高汤、葱段、料酒、精盐、生抽、味精、胡椒粉烧沸成汤汁；鸭肉块放入汤碗中，摆上茶树菇、红枣，倒入汤汁，放入蒸笼内，蒸约2小时即成。

19 炒豆腐皮 20分钟

多嘴多舌 本菜中豆腐皮的炒制时间应当控制好，因为豆腐皮本身就可直接食用所以不必翻炒过久，将调料翻炒挂匀即可。

选 1.

豆腐皮250克，猪外脊肉150克，葱花少许，精盐、味精各1/2小匙，酱油、料酒各1大匙，白糖1小匙，水淀粉2大匙，植物油3大匙。

备 2.

将豆腐皮泡软，洗净，切丝；猪外脊肉洗净，切丝；炒锅置火上，加入植物油烧热，先下入猪肉丝煸炒至变色，再放入葱末爆香。

做 3.

然后下入豆腐皮丝，烹入料酒，加入酱油、白糖、精盐炒匀，添入适量清水烧沸，加入味精，用水淀粉勾芡，撒上葱花即可。

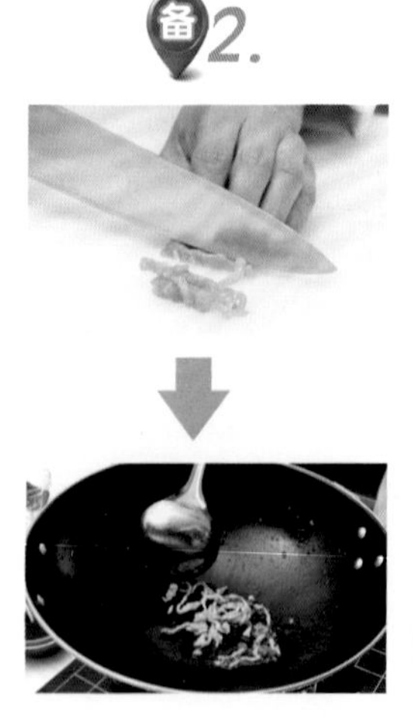

20 炒鸡丝蕨菜 30分钟

选 1.

鸡胸肉100克，蕨菜2袋，红椒丝20克，蛋清1/2个，葱花10克，精盐、料酒各1小匙，味精1/2小匙，水淀粉1大匙，植物油2大匙。

备 2.

将蕨菜取出，洗净，切成段；鸡胸肉洗净，切成丝，放入碗中，加入料酒、蛋清、水淀粉抓匀上浆，再放入热油锅中滑散，捞出沥油。

做 3.

锅中加入植物油烧热，下入葱花炒香，再放入鸡肉丝、蕨菜段、红椒丝炒匀，然后加入精盐、味精翻炒均匀，出锅装盘即成。

多嘴多舌

本菜中鸡丝的腌制环节可以更加细致，为了让鸡丝更好地吃匀调料，可以用筷子将用料挂匀，再用手按压使调料更好地进入肉中。

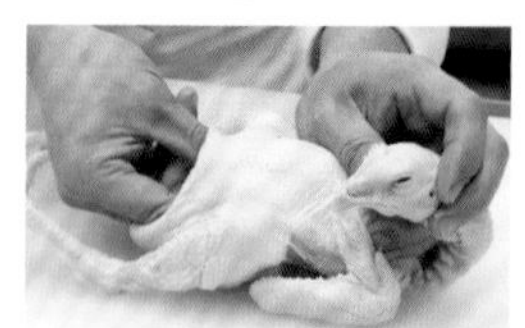

21 炒辣子鸡块

25分钟

选 1.

净仔鸡1只，青椒、红椒各50克，红干椒3克，葱段10克，姜片、蒜末各5克，精盐、味精各1小匙，酱油2小匙，花椒粒、水淀粉各1大匙，植物油3大匙。

2.

仔鸡宰杀，去毛、去内脏，洗涤整理干净，再放入沸水锅中煮至七分熟，捞出晾凉，剁成块；青椒、红椒分别洗净，去蒂及籽，切片。

做 3.

锅中加油烧热，先下花椒粒炸香，再放入姜片、蒜末、红干椒略炒一下，然后加入鸡块炒匀，再放入精盐、味精、米醋、鸡汤稍焖，用水淀粉勾芡，即可出锅装盘。

Tips 本菜中花椒在入热油锅炸香后，可以拣出不用，以免食用时咬到。

小贴士

22 豉椒香干炒鸡片

Three steps

选 1.

鸡胸肉350克，香干150克，青椒块、红椒块各50克，鸡蛋清1个，葱末、蒜末各5克，精盐、味精、淀粉、黑豆豉、水淀粉各少许，植物油适量。

备 2.

鸡胸肉洗净，切片；香干切片，与青椒和红椒一起焯水，捞出；鸡蛋清搅匀，再放入鸡肉片、精盐、味精、淀粉、少许植物油拌匀上浆。

做 3.

锅中加油烧热，下入葱末、蒜末炒香，再放入黑豆豉、青红椒块、酱油、味精，用水淀粉勾芡，放入鸡肉片、香干片炒匀，装盘即可。

本菜中鸡肉片在腌制后，可以先入热油锅中滑炒一下，捞出沥油，再进入最后的炒制阶段，为了更好地定型、入味。

小贴士

23 豉椒泡菜白切鸡

20分钟

1.

净雏鸡1只，四川泡菜100克，熟芝麻10克，花椒15克，葱末、蒜末各10克，青椒圈少许，味精1小匙，豆豉辣酱3大匙，酱油5小匙，植物油适量。

备2.

将雏鸡洗涤整理干净，沥去水分，入沸水锅中焯烫，捞出剁成大块；将四川泡菜切成小丁。

做3.

锅中加油烧热，下入花椒、葱末、蒜末、豆豉辣酱炒香，出锅加入酱油、熟芝麻、味精，放入泡菜丁、青椒圈拌匀，浇在鸡块上即成。

本菜中鸡块的焯水应当注意，是将鸡块放入沸水锅中焯烫，而不是加入冷水中与冷水一起烧沸。

新鲜的鸡肉，皮肤富有光泽，肌肉的切面也更加具有光泽，且具有鲜鸡肉的正常气味。

24 春笋炒鸡胗 20分钟

选 1.

鸡胗200克，春笋150克，红椒片30克，葱段、泡姜片各5克，精盐、味精各1/2小匙，水淀粉1大匙，植物油适量。

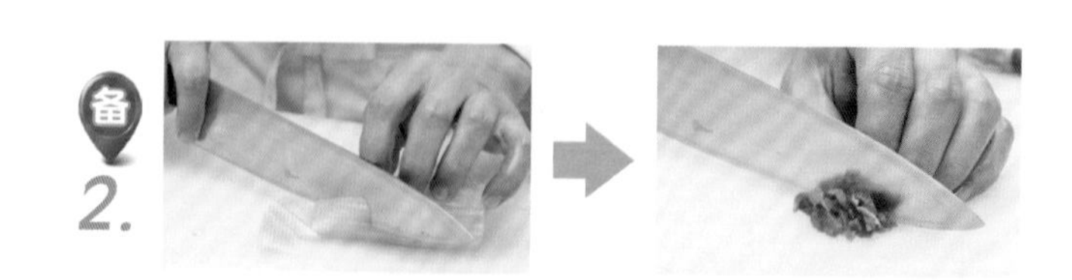

备 2.

鸡胗洗净，剞上十字花刀，切小块；春笋去皮、洗净，切成块，分别入锅焯烫，捞出沥干。

做 3.

锅中加油烧热，先下入葱段、泡姜片炒香，再放入春笋块、鸡胗块、红椒片煸炒，然后加入精盐、味精炒至入味，用水淀粉勾薄芡即可。

多嘴多舌 鸡胗的选购：新鲜的鸡胗富有弹性和光泽，外表呈红色或紫红色，质地坚而厚实；不新鲜的鸡胗呈黑红色，无弹性和光泽，肉质松软，不宜购买。

25 莼菜蛋皮羹

选1.

鲜莼菜、虾仁各100克，蛋皮丝50克，香菜叶25克，精盐、鸡精、胡椒粉、料酒、生抽、水淀粉、蛋清各适量。

备2.

将莼菜择洗干净；虾仁去除沙线，洗净，切成片，加入精盐、料酒、姜汁、蛋清、水淀粉拌匀上浆；香菜叶洗净。

做3.

清水锅烧沸，先放入莼菜，再加入精盐、生抽、胡椒粉、鸡精调味，然后下入蛋皮丝、虾片搅匀，用水淀粉薄芡，撒上香菜叶即可。

莼菜富含蛋白质、脂肪、糖类、钙、铁、磷、钾、钠、锌、硒和多种维生素以及人体必需的多种氨基酸，具有很高的营养价值和食疗保健作用。

小贴士

26 葱烧豆干 20分钟

多嘴多舌

良质豆腐干：乳白或淡黄色，稍有光泽；形状整齐，有弹性，细嫩，挤压后无液体渗出；气味清香；滋味醇正，咸淡适中。

选1.

豆干300克，红椒50克，葱段100克，味精、白糖、酱油各少许，水淀粉适量，鲜汤、植物油各2大匙。

将豆干洗净，切成条状，下入沸水中焯透，捞出沥干，再放入热油中冲炸一下，捞出沥油。

做3.

坐锅点火，加入葱油烧热，先下入葱段炒香，再添入鲜汤，放入豆干、酱油、白糖煨烧1分钟，然后加入味精调匀，再用水淀粉勾芡，即可出锅装盘。

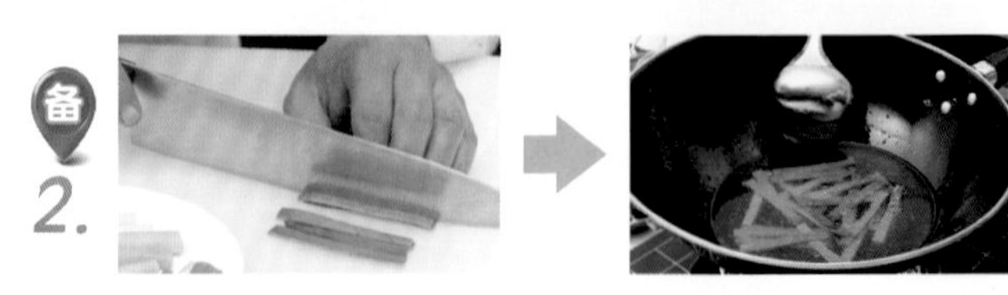

27 葱香豆豉鸡 30分钟

多嘴多舌 本菜中鸡肉丁在腌制后可以先入热油锅中滑炒，至变色后捞出，保证鸡肉的肉质松软、鲜嫩，同时也更好入味，方便最后的炒制。

选1.

鸡胸肉300克，香葱50克，姜末、蒜末各10克，豆豉15克，精盐、酱油、鸡精、香油各1小匙，白糖、淀粉各少许，料酒、水淀粉各2大匙，植物油适量。

备2.

将鸡肉洗净，切成小丁，再用精盐、料酒、淀粉腌渍10分钟。

做3.

锅中加油烧热，先下入姜、蒜、豆豉炒香，再放入鸡肉、香葱、酱油、白糖、鸡精炒匀，然后用水淀粉勾芡，淋入香油，即可出锅。

28 葱油鸡

多嘴多舌

鸡肉的蛋白质含量根据部位、带皮和不带皮是有差别的，从高到低的大致排列顺序为去皮的鸡肉、胸脯肉、大腿肉。去皮鸡肉和其他肉类相比较，具有低热量的特点。但是，皮部分存在大量的脂类物质，所以绝对不能把带皮的鸡肉称作低热量食品。

选 1.

鸡1只，葱丝、姜丝各少许，胡椒粉1/3小匙，植物油4大匙，精盐1大匙，料酒2大匙，味精、淀粉各1小匙。

备 2.

先把鸡处理干净，加入料酒、淀粉、味精腌制片刻，放置腌2小时。接着将鸡身朝上放入蒸锅内用大火蒸20～25分钟。

做 3.

鸡熟后取出切块排盘，再将葱丝、姜丝散盖在鸡肉上，同时撒上胡椒粉，再浇上热油，淋在葱姜之上。

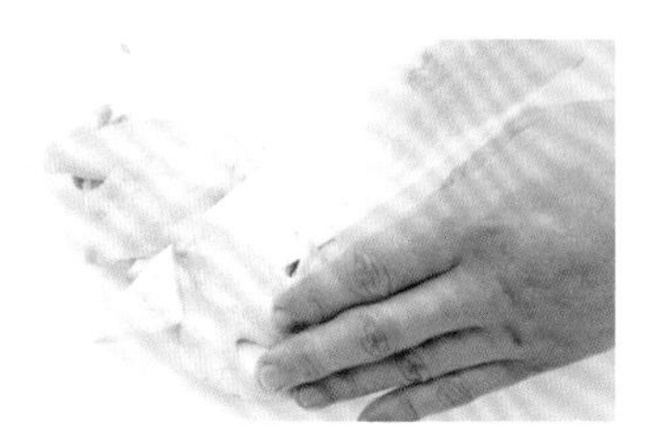

选购储存

家庭在保存鸡肉时可以先把鸡肉用保鲜膜包裹起来，这样可以避免鸡肉中的水分流失而变得干燥不可口，然后把鸡肉放入冰箱冷藏室中最冷的位置保鲜，一般可以保鲜2～3天。

29 脆芹拌腐竹 20分钟

选 1.

芹菜300克，水发腐竹150克，蒜末10克，精盐适量，米醋1小匙，味精1/2小匙，香油2小匙。

备 2.

芹菜择洗干净，沥去水分，切成3厘米长的段；水发腐竹挤干水分，切成3厘米长的段。芹菜洗净，切段，焯水捞出。

做 3.

将腐竹段、芹菜段放入容器内拌匀，晾凉后加入蒜末，再加入米醋、味精、精盐，淋入香油，拌匀后装盘即可。

Tips 本菜中芹菜在入沸水锅中焯烫时，可以在锅中加入少许精盐提鲜。

小贴士

备2.

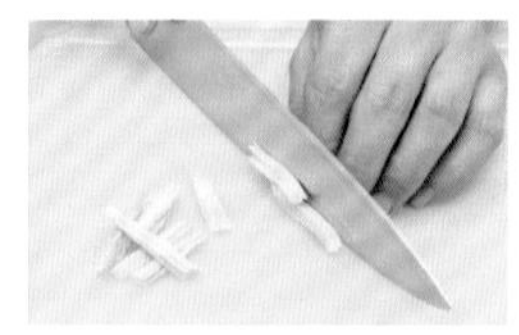

30 脆笋烧豆腐

20分钟

选 1.

内酯豆腐1盒，青笋条80克，面粉20克，葱片5克，精盐、味精、白糖各1/2小匙，酱油1小匙，水淀粉2小匙，植物油800克。

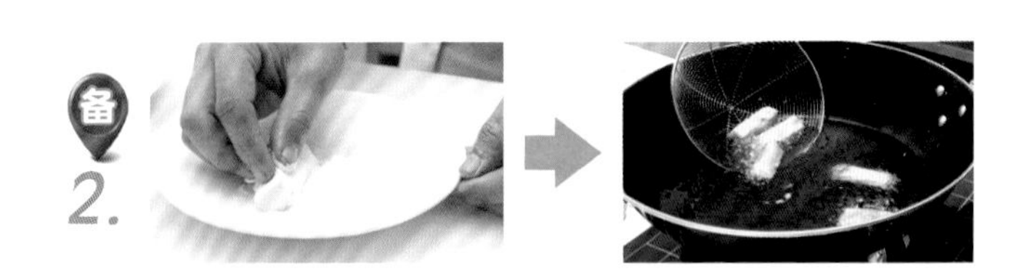

2.

内酯豆腐切成长方块，滚粘上面粉，放入热油锅中炸至金黄色，捞出沥油。

做 3.

锅留底油烧热，下入葱片、笋条略炒，加入调料翻炒，用水淀粉勾芡，放入豆腐翻匀，淋入米醋、香油，出锅装盘即成。

好的盒装内酯豆腐在盒内无空隙，表面平整，无气泡，不出水，拿在手里摇时无晃动感，开盒可闻到少许豆香气。

小贴士

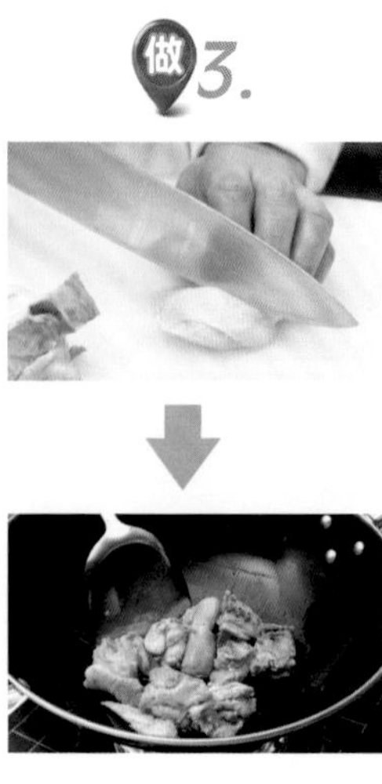

31 东安仔鸡

30分钟

选1.

净仔鸡1只，葱段、姜丝各15克，精盐、米醋、淀粉各1大匙，味精1/2小匙，花椒粉少许，鸡汤100克，熟猪油3大匙。

备2.

将仔鸡洗净，放入清水锅中煮至七分熟，捞出冲净，剁成大块。

做3.

锅中加油烧热，先下入姜丝、花椒粉炒香，再放入鸡块略炒，加入精盐、米醋、鸡汤、味精、葱段炒至收汁，再用水淀粉勾芡，即可出锅装盘。

Tips 本菜中的鸡汤是由鸡肉及适量清水、花椒粉、鸡精、精盐熬制，如果家中没有常备，可以选用少量清水加鸡精代替。

32 冬菇蒸滑鸡 40分钟

冬嘴冬舌 以外形来分辨冬菇的厚薄，可以从冬菇蒂着手。冬菇蒂等于香菇的颈，颈柄细短，菇身自然单薄；颈柄粗厚，身形自然壮实。因此，我们选购冬菇时，冬菇蒂细，菇身必薄，反之冬菇蒂粗，菇身必厚。

选1.

土鸡半只，冬菇10个。姜片、葱段各15克，精盐、淀粉各2小匙，白糖、味精、蚝油各1小匙，香油少许，植物油1大匙。

备2.

冬菇泡至发涨，捞出，洗净，挤去水分；土鸡洗净，剁成块；将鸡块、冬菇、姜片、葱段放入盆中，加入精盐、味精、白糖、蚝油、淀粉和香油拌匀。

做3.

蒸锅置火上，加入适量清水烧沸，放入鸡块，用旺火蒸约30分钟，取出，浇淋上烧热的植物油拌匀即可。

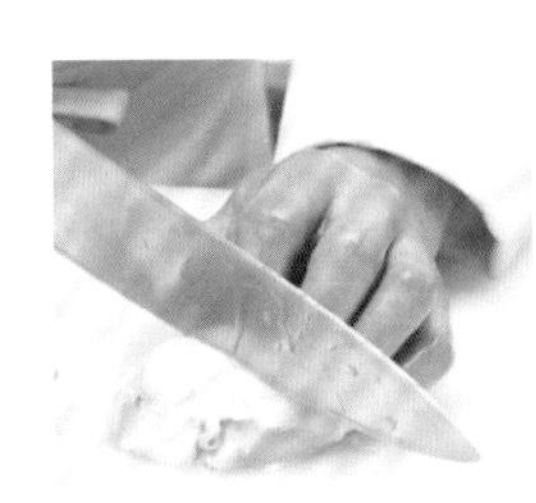

33 豆皮炒韭菜 20分钟

多嘴多舌 韭菜里的粗纤维较多，能促进肠管蠕动，保持大便通畅，并能排除肠道中过多的成分而起减肥作用。

选 1.

豆腐皮300克，韭菜200克，姜末5克，精盐、鸡精、味精各1/2小匙，葱油2大匙。

备 2.

将豆腐皮洗净，放入清水中泡软，切成条，再下入沸水锅中焯烫，捞出沥干；韭菜择洗干净，切成小段。

做 3.

坐锅点火，加入葱油烧热，先下入姜末炒香，再放入韭菜段炒至断生，然后加入豆腐皮、精盐、鸡精、味精炒至入味，即可出锅装盘。

34 翡翠蛋皮

20分钟

选 1.

净油菜叶200克，鸡蛋3个，口蘑片、胡萝卜片各25克，精盐、味精、水淀粉、香油各适量。

备 2.

鸡蛋磕入碗内，加入水淀粉搅匀成鸡蛋液，锅中加油烧热，倒入蛋液摊成鸡蛋饼，取出后切成菱形片。

做 3.

沸水锅中加入口蘑片、胡萝卜片焯熟，捞出沥水，将口蘑、胡萝卜、油菜叶、鸡蛋饼一同放入碗中，加入精盐、味精拌匀，淋入香油即成。

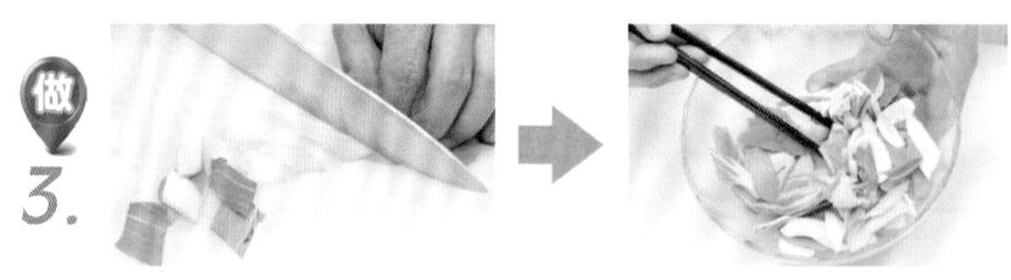

多嘴多舌

油菜含有大量胡萝卜素和维生素C，有助于增强机体免疫能力。油菜所含钙量在绿叶蔬菜中为最高，一个成年人一天吃500克油菜，其所含钙、铁、维生素A和维生素C即可满足人体需求。

35 翡翠豆腐 25分钟

选1.

豆腐、鸡蛋清各150克，西红柿1个，水发香菇片25克，精盐、味精各1/2小匙，水淀粉2大匙，鲜汤4大匙，植物油1000克。

备2.

豆腐中加入蛋清、精盐、水淀粉、味精搅成稀糊状；西红柿去蒂，洗净，切片。锅中加油烧热，用手勺蘸上油，刮取豆腐蓉，散放入油锅中。

做3.

油锅中放入豆腐蓉片，待其上浮，用手勺拉片，倒出沥油，净锅置火上，加入鲜汤、精盐、味精，再放入西红柿片、香菇片烧沸，用水淀粉勾成薄芡，然后放入翡翠豆腐推搅几下，出锅装碗即可。

36 干烹仔鸡 30分钟

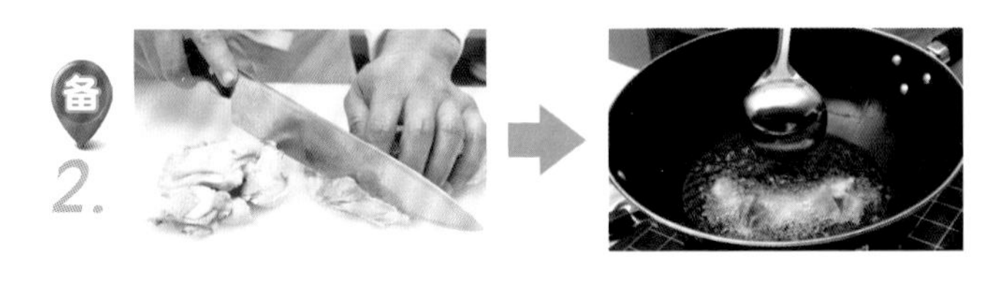

选 1.

净仔鸡1只，姜末10克，酱油、精盐、料酒、白醋、五香粉、植物油各适量。

备 2.

仔鸡洗净，剁成小方块，加上姜末、少许酱油、精盐、料酒拌匀，腌渍30分钟。

做 3.

锅中加油烧热，放入鸡块炸至熟香，捞出沥油，酱油、精盐、料酒、白醋、五香粉放入锅内烧沸，倒入鸡块炒匀即可。

Tips 本菜中在倒入酱油等调料烧沸时，应当注意油温，切不宜从过高的距离倒入调料，以免热油进溅。 小贴士

37 菇椒拌腐丝

20分钟

选1.

干豆腐200克，水发香菇100克，红甜椒、青椒各25克，香油2大匙，姜丝10克，精盐2小匙，醋、味精各3/5小匙，白糖1小匙。

备2.

把干豆腐切成细丝；香菇去蒂，洗净，挤去水；红甜椒、青椒均去蒂、去籽，洗净，分别切成细丝；锅里放入清水烧开，下入干豆腐丝，用大火烧开，改用小火焯约5分钟，捞出，沥去水，晾凉，锅里的水倒出。

做3.

把凉透的干豆腐丝放入容器内，加入精盐、醋、味精、白糖，拌匀，均匀地摊放在盘内，锅里放入香油烧热，下入姜丝煸炒香，下入香菇丝煸至熟透，下入红椒丝、青椒丝，撒入精盐、味精，翻炒约半分钟，出锅干豆腐丝上即可。

选购储存

先切成条状，宽10～15厘米左右，再用保鲜膜或方便袋包好，放到冰箱里面冷冻就可以了。吃时用温水泡一会儿就可以改刀了。味道和新鲜的一样。

38 怪味鸡 30分钟

选 1.

熟鸡肉200克，马耳葱30克，花椒面、熟芝麻、精盐、味精各1/2小匙，香油1小匙，芝麻酱、白糖、醋、酱油各1大匙，辣椒油2大匙。

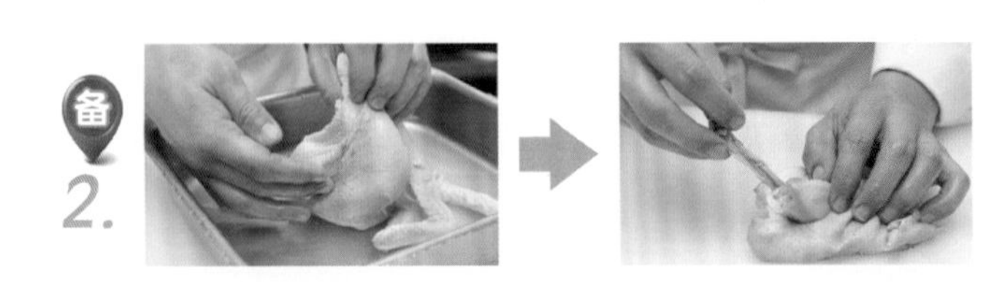

备 2.

熟鸡肉洗净、去骨，宰成宽2.5厘米、长2.5厘米的斜方块；葱入盘垫底，将宰好的鸡块入盘摆成“和尚头”形。

做 3.

酱油、醋、白糖、味精、精盐、辣椒油、芝麻酱、香油、花椒面在碗内调匀，淋于鸡上，撒上熟芝麻即成。

多嘴多舌 鸡肉中蛋白质的含量较高，氨基酸种类多，而且消化率高，很容易被人体吸收利用，有增强体力、强壮身体的作用。

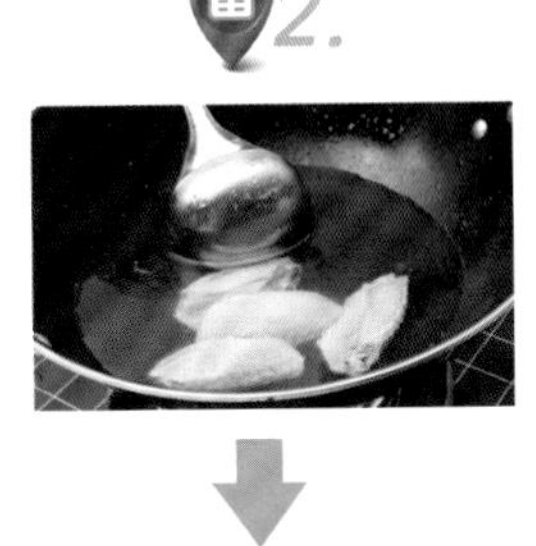

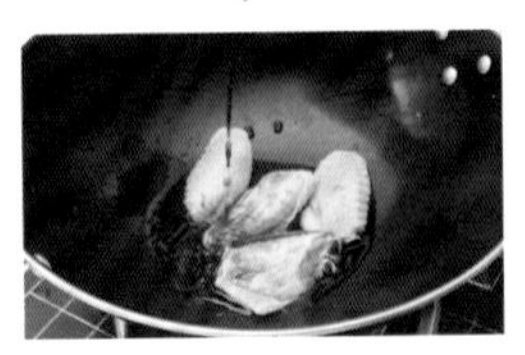

39 贵妃鸡翅

20分钟

选 1.

鸡翅700克，冰糖100克，红酒500克。

备 2.

将鸡翅去毛、洗净，放入沸水中焯烫一下，捞出沥水。

做 3.

坐锅点火，加入红酒，先下入鸡翅、冰糖大火烧开，再转小火煨至鸡翅入味、熟透，捞出装盘即可。

新鲜鸡翅的外皮色泽白亮或呈米色，并且富有光泽，不残留毛及毛根，肉质富有弹性，并有一种特殊的鸡肉鲜味。

小贴士

40 锅塌豆腐 20分钟

多嘴多舌 新鲜的豆腐经过冷冻之后，会产生一种酸性物质，这种酸性物质能够破坏人体内积存的脂肪，达到减肥的目的。

选 1.

豆腐500克，猪肉馅100克，鸡蛋2个，葱丝5克，精盐、味精各1小匙，面粉、酱油各2小匙，水淀粉1/2大匙，植物油2大匙。

备 2.

豆腐切片，两片中间夹上猪肉馅，放入锅中蒸熟；鸡蛋磕入碗中，加入料酒、味精、精盐、面粉、水淀粉搅匀，再放入豆腐片挂匀糊。

做 3.

锅中加油烧至五成热，下入豆腐片煎至黄色，再加入葱丝、酱油、味精，用中火收干汤汁，出锅装盘即可。

41 海米烧豆腐 25分钟

多嘴多舌　海米的营养丰富，富含钙、磷等多种对人体有益的微量元素，是人体获得钙的较好来源，含钙比较多的食物还有奶制品和鸡蛋等。

选 1.

豆腐1块，海米25克，木耳3朵，葱片、姜末各少许，精盐、味精各1/3小匙，白糖1/2大匙，酱油、料酒各1大匙，淀粉、清汤各适量，沙拉油750克。

备 2.

海米泡软，加入少许清汤、料酒上屉蒸5分钟，取出；木耳泡软，洗净，撕成小块，放沸水中焯烫一下，捞出，豆腐片切片，放入沸水锅中焯烫片刻，捞出沥水。

做 3.

锅中加油烧热，下入海米、葱片、姜末煸炒香，加入料酒、酱油、白糖、精盐、清汤烧沸，放入豆腐片、木耳块烧至入味。加入味精，用水淀粉勾薄芡即可。

42 红葱头沙姜炒鸡 25分钟

多嘴多舌 红葱头具有健脾开胃调理，高血压调理，高脂血症调理，冠心病调理的食疗作用，同时也是一种使用广泛的佐料。

选 1.

净仔鸡1只，红葱头块、沙姜片各30克，生抽2大匙，白糖、料酒各1大匙，淀粉1/2大匙，植物油适量。

备 2.

将仔鸡洗净，剁成大块，先加入少许生抽、白糖、料酒、淀粉拌匀，腌渍入味，再下入热油锅中滑散、滑熟，捞出沥油。

做 3.

锅中留底油烧热，先下入红葱头、沙姜炒香，再放入鸡肉块翻炒至入味，即可出锅装盘。

选购储存

将红葱头洗净，擦净水分，用保鲜膜封好，再放入冰箱的冷藏格中。

43 红汤豆腐煲 30分钟

选1.

豆腐1块，白菜叶100克，红干椒段50克，粉丝25克，香菜段15克，姜片、葱花各10克，精盐、鸡精、胡椒粉各1/2小匙，豆瓣酱2大匙，火锅料3大匙，酱油各1小匙，鲜汤1000克，植物油5大匙。

备2.

豆腐洗净，切成大片，再放入沸水锅中焯透，捞出沥干；白菜叶洗净，撕成小块。

做3.

锅中加油烧热，先下入葱段、姜片、少许红干椒段炸香，再放入豆瓣酱炒出红油，添入鲜汤，加入火锅料烧沸，再放入豆腐片、白菜叶、粉丝、酱油、精盐、鸡精、胡椒粉煮至入味，倒入砂煲中，撒上葱花、香菜段、红干椒段，锅中加油烧热，出锅浇在红干椒段即可。

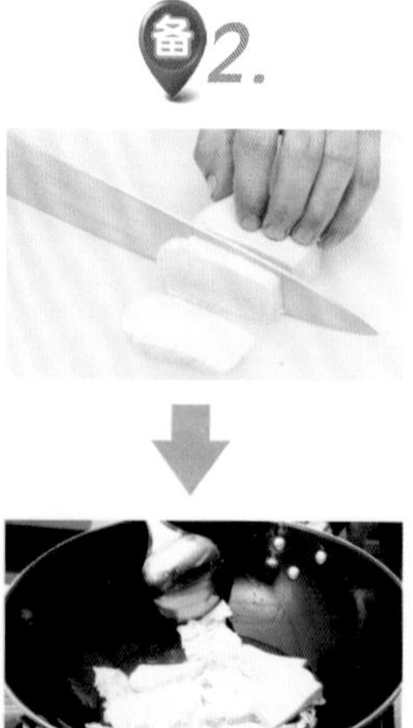

44 滑蛋虾仁 20分钟

选 1.

虾仁300克，鸡蛋3个，葱花、姜末各15克，精盐1小匙，料酒1/2小匙，高汤适量，水淀粉2大匙，植物油75克。

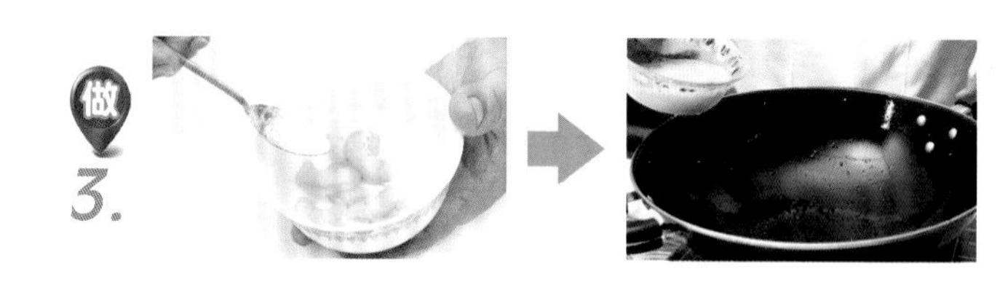

备 2.

将虾仁去掉沙线，洗净，加入精盐、料酒、鸡蛋清1个、淀粉2克拌匀上浆，将剩余鸡蛋磕入碗中，加入少许精盐、葱花、姜末搅拌均匀。

做 3.

锅中加入植物油烧热，倒入鸡蛋液煎至五分熟时，放入虾仁翻炒至熟，出锅装碗即可。

本菜中虾仁入锅后要快速翻炒，当虾仁变色熟透后迅速捞出，以免将鸡蛋一起炒老。

小贴士

备 2.

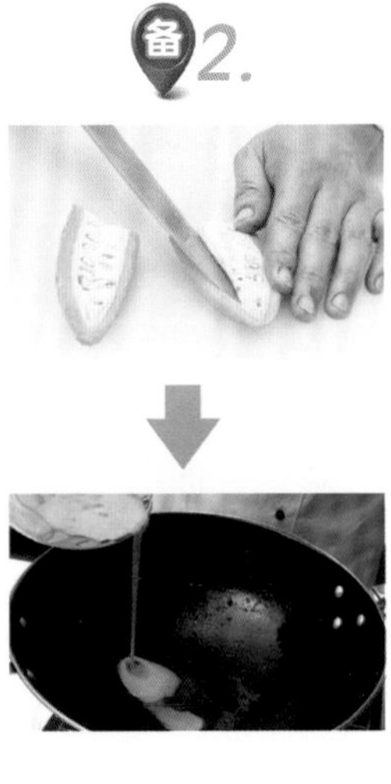

45 鸡蛋炒苦瓜

20分钟

选 1.

鸡蛋5个，苦瓜300克，葱花、姜丝各15克，精盐2小匙，味精1小匙，鸡精1/2小匙，白糖少许，植物油5大匙。

备 2.

鸡蛋磕入碗中搅散；苦瓜去皮及瓤，洗净，切成片，用加有精盐、植物油的沸水略焯，捞出。

做 3.

锅加油烧热，倒入蛋液炒成蛋花，出锅待用，锅中留底油烧热，放入葱花、姜丝炒香，再放入苦瓜，加入精盐、味精、白糖、鸡精调味，然后放入蛋花翻炒均匀，即可出锅装盘。

46 鸡丁榨菜鲜蚕豆 30分钟

多嘴多舌

榨菜中含有谷氨酸、天门冬氨酸、丙迄酸等17种游离氨基酸。榨菜能健脾开胃、补气添精、增食助神。

选 1.

鸡胸肉200克，咸榨菜150克，鲜蚕豆100克，鸡蛋清1个，葱花10克，精盐、味精各1小匙，白糖2小匙，水淀粉、料酒、植物油各2大匙。

备 2.

榨菜用清水浸泡、洗净，切成小粒；鸡肉洗净，切小粒，加入精盐、料酒、蛋清、水淀粉略腌，再放入热油锅中滑熟，捞出沥油。

做 3.

锅留底油烧热，先下入葱花炒香，再放入榨菜粒、鲜蚕豆炒熟，然后加入鸡肉粒炒匀，加入精盐、料酒、味精、白糖调味，装盘即可。

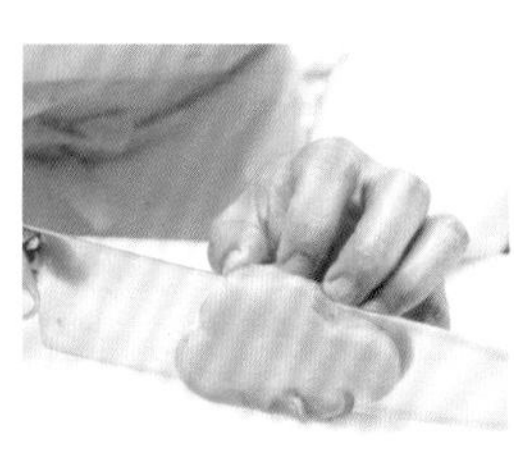

47 纸包盐酥鸡翅 20分钟

选 1.

鸡翅500克，大粒海盐500克，葱段、姜末、蒜瓣各15克，酱油2小匙，蜂蜜、五香粉、白酒各适量。

备 2.

将鸡翅去洗涤整理钢筋；蒜瓣拍碎，用刀在鸡翅表面剞上两刀，放在容器内，先加入葱段、姜末和蒜瓣，再加入酱油、五香粉、白酒、蜂蜜拌匀，腌20分钟。把锡纸剪成10厘米大小，放上鸡翅包裹好并轻轻攥紧。

做 3.

净锅置火上，放入大粒海盐，用旺火不断翻炒均匀（约5分钟），取砂煲1个，先放入一些炒好的海盐粒，再放入用锡纸包好的鸡翅，然后倒入剩余的海盐粒，盖上盖，焖约20分钟，出锅装盘即可。

48 鱼香碎滑鸡 20分钟

选 1.

鸡胸肉300克，姜、蒜、葱、精盐、酱油、味精、白糖、米醋、高汤、料酒、淀粉、水淀粉、植物油各适量。

备 2.

将鸡肉洗净，切成小丁，加入精盐、料酒、淀粉拌匀上浆；取小碗，加入酱油、精盐、味精、白糖、米醋、高汤调匀成味汁。

做 3.

锅中加油烧热，下入葱末、姜末、蒜末炒香，再放入鸡丁炒熟，然后倒入味汁，用水淀粉勾芡，撒上葱花，即可出锅装盘。

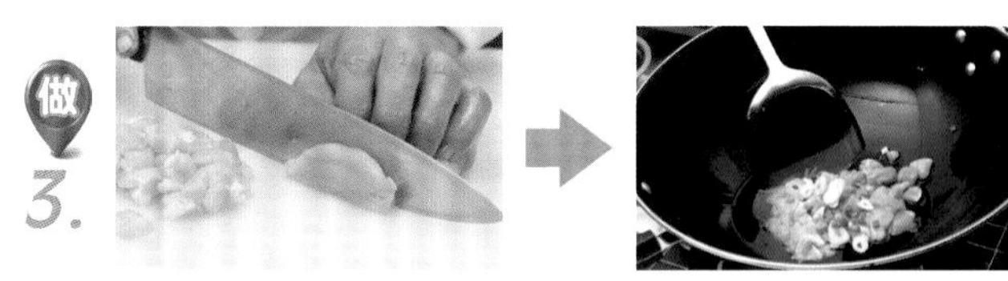

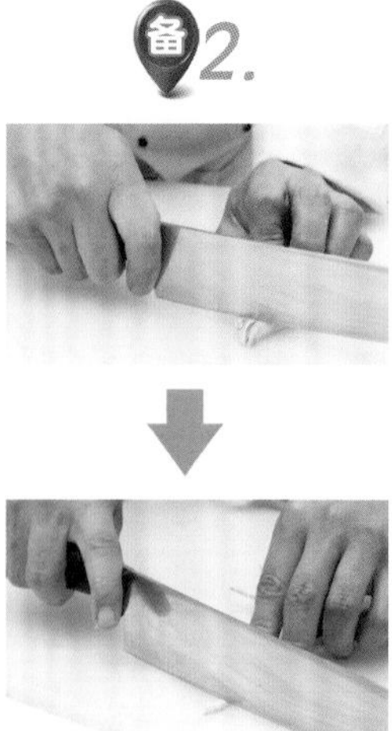

49 油焖鸡 25分钟

选 1.

鸡肉500克，青椒丝少许，姜片、精盐、味精、酱油、料酒、香油、植物油各适量。

2.

鸡肉洗净，剁成块，用料酒、酱油、姜汁拌匀稍腌，再入油锅中炸至六分熟，捞出沥油。

做 3.

锅加油烧热，爆香姜片，下入鸡块煸炒，加入精盐、酱油、料酒和适量清水用小火焖至熟嫩，放入青椒丝稍炒，调入味精，淋入烧热的香油即可。

Tips 青椒强烈的香辣味能刺激唾液和胃液的分泌，增加食欲，促进肠道蠕动，帮助消化。

小贴士

50 腰果爆鸡丁

20分钟

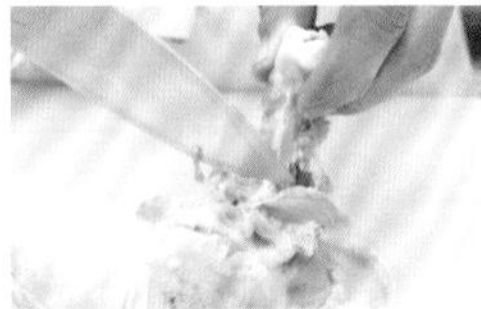

选 1.

鸡胸肉250克，熟腰果50克，豌豆粒25克，鸡蛋清1个，葱末、蒜末各15克，精盐2小匙，水淀粉3大匙，味精、植物油各1大匙。

备 2.

将鸡胸肉洗净，切成小丁，再放入碗中，加入鸡蛋清、水淀粉抓匀上浆，然后下入四成热油中滑熟，捞出沥油。

做 3.

锅中留少许底油烧热，先下入葱、姜、蒜炝锅，再放入豌豆粒，加入精盐、味精炒匀，然后下入鸡丁、腰果烧至入味，再用水淀粉勾芡，即可出锅装盘。

腰果有软化血管的作用，对保护血管、防治心血管疾病大有益处。它含有丰富的油脂，可以润肠通便，润肤美容，延缓衰老。

小贴士

51 泡椒咖喱豆腐 30分钟

1.

鲜豆腐1块，水发香菇100克，鸡蛋液100克，泡辣椒25克，香菜段10克，葱花10克，蒜米、姜粒各5克，精盐、味精、咖喱粉各1小匙，咖喱酱2小匙，面粉3大匙，泡椒油4小匙，鲜汤500克，植物油750克。

备2.

豆腐洗净，切片；鸡蛋液加入少许精盐打散；泡辣椒剁成蓉；水发香菇去蒂，洗净，切片，入水焯烫片刻，捞出沥水；锅中加油烧热，将豆腐片先拍上一层面粉，抖掉余粉，拖匀鸡蛋液，再下入油锅中，炸至结壳发硬且金黄，捞出沥油。

做3.

锅留底油烧热，下入蒜米、姜粒和泡辣椒蓉煸香，再下入咖喱粉、咖喱酱略炒，然后添入鲜汤，放入豆腐片、香菇片，加精盐、味精调味，用中火炖约3分钟至入味，出锅盛入盘内，撒上香菜段和葱花，浇上烧热的泡椒油即成。

选购储存

买回来的鸡蛋一定要放在冰箱里储存，这大家都知道。但放的时候要大头朝上，小头在下，这你就恐怕不知道了吧？这样既可防止微生物侵入蛋黄，也有利于保证蛋品质量。

52 茄汁烹鸡腿 20分钟

选1.

鸡腿500克，洋葱、香菜各80克，蛋清50克，葱段、姜片各10克，花椒3克，精盐、味精各1/2小匙，白糖、料酒、淀粉、水淀粉各2大匙，香油各2小匙，高汤适量，番茄酱、植物油各100克。

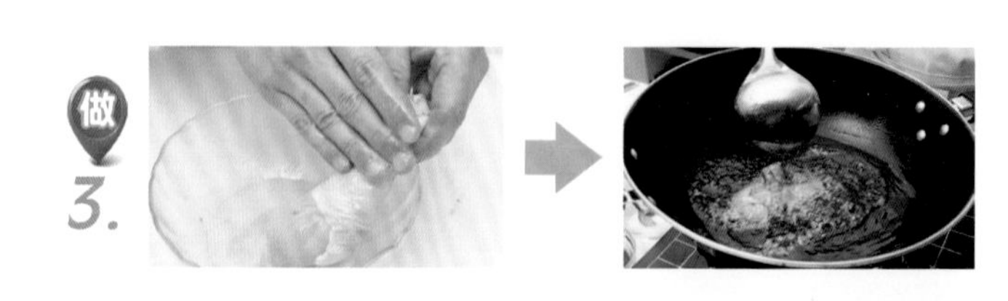

备2.

洋葱洗净，切成丁；香菜择洗干净，切成段。将番茄酱、白糖、高汤、淀粉调匀成味汁。鸡腿洗净，放入碗中，加入葱段、姜片、料酒、精盐、白糖、花椒腌渍2小时，入笼蒸至八分熟，取出晾凉，再用鸡蛋液、淀粉抓匀上浆。

做3.

锅中加油烧热，放入鸡腿炸至酥透呈金黄色，捞出沥油；锅中留油烧热，放入洋葱粒炒香，再放入鸡腿，倒入味汁翻匀，淋入香油，撒上香菜即成。

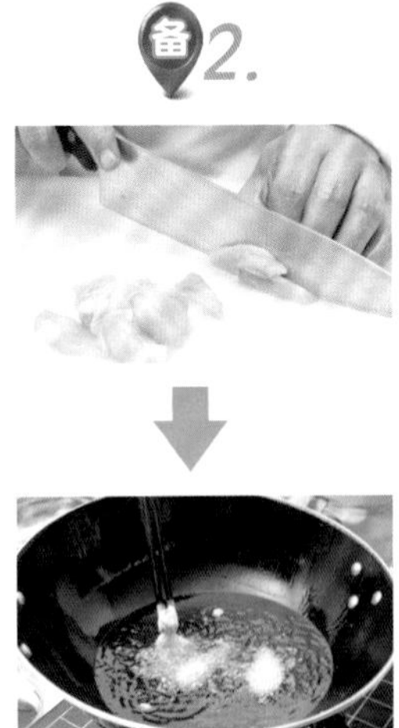

53 软炸鸡 20分钟

选 1.

鸡脯肉200克，鸡蛋1个，葱段、姜片各5克，精盐、味精各1/2小匙，白糖1小匙，料酒2小匙，番茄酱2大匙，淀粉适量，植物油600克（约耗25克）。

备 2.

鸡脯肉洗净，切成片，放入碗中，加入葱段、蒜片、料酒、精盐、白糖及少许味精腌渍片刻；鸡蛋磕入碗中打散，加入淀粉调成稀糊状。

做 3.

锅中加入植物油烧至七成热，将鸡片挂匀蛋糊，逐片放入油锅中炸至鸡肉断生，呈金黄色时，捞出装盘，与番茄酱一同上桌蘸食即可。

54 烧鸡公 20分钟

选 1.

鸡肉块500克，鲜香菇25克，青椒、红椒、鸡蛋各1个，大葱、姜块、蒜瓣各25克，花椒粒5克，红干椒3克，胡椒粉2小匙，白糖1小匙，料酒2大匙，酱油、蚝油、淀粉各1大匙，植物油适量。

备 2.

青椒、红椒分别去蒂、去籽，洗净，均切成小块；鲜香菇择洗干净，切成块。大葱洗净，切成滚刀块；蒜瓣去皮、拍碎；姜块去皮、洗净，切成片。鸡肉块放入碗中，加入蚝油、酱油、料酒、胡椒粉、鸡蛋液、淀粉拌匀，腌15分钟。

做 3.

锅中加油烧热，先下入葱段、姜块、蒜瓣炸出香味，取出葱、姜、蒜，垫在砂锅的底部，再把花椒粒放入油锅中炸出香味，捞出，待锅内油温升高后，将鸡肉块放入锅中煸炒，然后放入红干椒、香菇块和少许清水烧沸，盖上盖焖至鸡块近熟。再放入青椒块、红椒块和白糖炒匀，倒入砂锅内焖熟即可。

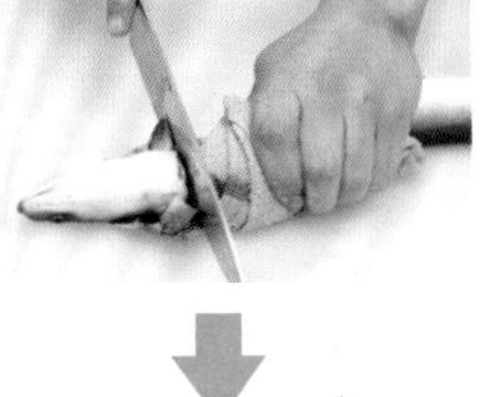

55 烧汁河鳗煲 25分钟

选1.

河鳗1尾，精盐1小匙，味精、鸡精各1大匙，料酒2小匙，烧汁3大匙，葱姜汁、酱油、蚝油各5小匙，鲜汤250克，香油少许，植物油750克(约耗85克)。

备2.

河鳗去头、尾及内脏，洗去黏液及污物，剁成3厘米长的段，用少许精盐、酱油、葱姜汁、料酒拌匀，腌渍入味，放入热油锅中炸成金红色，捞出沥油。

做3.

锅中留油烧热，下入葱段、姜片炸香，再加入烧汁略炒，然后烹入料酒，添入鲜汤，加蚝油、精盐、味精、鸡精调味，倒在砂锅内，再放入鳗鱼块烧沸，用小火炖约15分钟，淋入香油，原锅上桌即可。

56 什锦鳕鱼丁

25分钟

多嘴多舌 本菜中鱼丁在过油时应控制好油温，以避免油温过高，火势过猛，而破坏鱼丁的形状。

选 1.

净鳕鱼肉200克，腰果100克，青椒块、红椒块各25克，鸡蛋清1个，葱末、姜末、蒜末、精盐、味精、胡椒粉、料酒、淀粉、水淀粉、鸡汤、香油、植物油各适量。

备 2.

鱼肉洗净、切丁，加入少许精盐、味精、料酒、淀粉、蛋清拌匀上浆，再下入四成热油中滑散、滑透，捞出沥油，然后放入腰果炸熟，捞出沥油。

做 3.

锅中留底油烧热，先下入葱、姜、蒜、青椒、红椒炒香，再烹入料酒，添入鸡汤，加入精盐、味精、胡椒粉调匀，然后放入腰果、鱼丁炒至入味，再用水淀粉勾芡，淋入香油，即可出锅装盘。

选购储存

鳕鱼保存时，把盐撒在鱼肉上，然后用保鲜膜包起来，放入冰箱冷冻室，这样不仅可以去腥、抑制细菌繁殖，而且能增添鳕鱼的美味及延长保存期。

57 神仙鸭子 4小时

选 1.

鸭1只(1500克)，水发香菇100克，火腿、冬笋各适量，料酒1大匙，植物油1000克(耗100克)，酱油1大匙，姜、葱各1/2小匙，精盐1小匙，糖汁2小匙，味精1/3小匙，鲜汤1500克，水淀粉2大匙。

备 2.

水发香菇、火腿、冬笋分别切长方片；葱切段，姜拍破，鲜菜心洗净沥干水。将鸭洗净入沸水锅内烫几下，捞起用毛巾擦干水分，趁热抹上适量糖汁，放入烧至七成油温的植物油锅内，炸成黄色捞起。

做 3.

香菇、冬笋、火腿片、鸭子放入瓷盆内，加入料酒、姜葱、精盐、酱油、胡椒粉1/5小匙和鲜汤，盖好盖，入笼蒸至鸭子极烂；取出将鸭子摆盘，重新将火腿、冬笋、香菇摆好，锅内倒入蒸鸭子的原汁水，放入鲜菜心煮熟透，加入水淀粉、味精勾成的清芡汁即成。

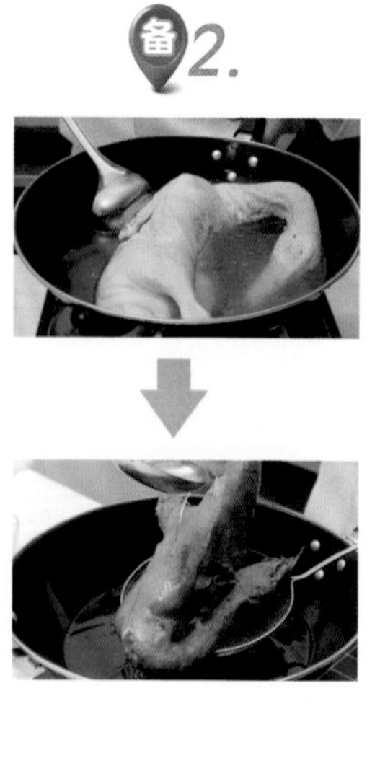

58 生菜扒鸡腿 20分钟

选 1.

鸡腿500克，生菜叶少许，葱段、姜片各10克，味精、白糖、酱油、料酒各适量，清汤100克，植物油2大匙。

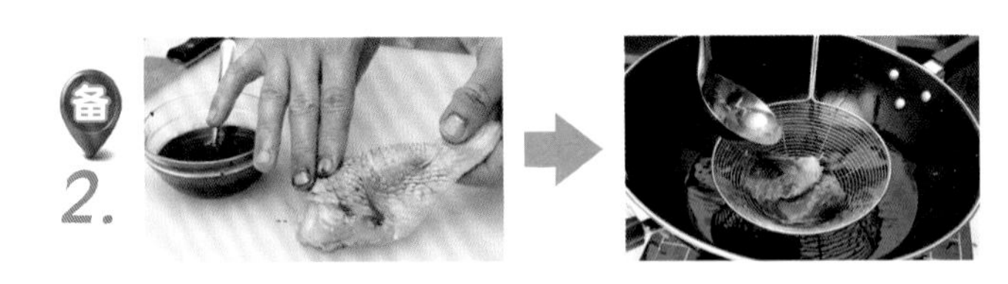

备 2.

鸡腿洗净，用刀背拍松，加入酱油略腌片刻，再放入热油锅中炸至浅红色，捞出沥油；生菜叶洗净，装入盘中垫底。

做 3.

锅中留底油烧热，先下入葱段、姜片炒出香味，再加入料酒、酱油、清汤、白糖、味精烧沸，然后放入鸡腿，转小火扒至汤汁浓稠，再取出剁成条块，码在垫有生菜叶的盘中，浇淋上汤汁即可。

Tips 生菜因其茎叶中含有莴苣素，故味微苦，具有镇痛催眠、降低胆固醇、辅助治疗神经衰弱等功效；生菜中含有甘露醇等有效成分，有利尿和促进血液循环的作用。小贴士

59 双冬辣鸡球 25分钟

选 1.

鸡腿1只，冬菇块、冬笋块各50克，葱花、姜末、蒜片各5克，红干椒10克，精盐、味精各1/2小匙，酱油、水淀粉各1大匙，鸡汤400克，植物油适量。

2.

将鸡腿去骨、切块，加入精盐、水淀粉拌匀，腌渍入味，再放入热油中炸至五分熟，捞出沥油，然后放入冬菇、冬笋略炸，捞出沥干。

做 3.

锅中加入鸡汤烧沸，放入鸡肉块、冬菇、冬笋、精盐、味精、酱油，用旺火烧至收汁，捞出沥干，锅中加油烧热，先下红干椒、葱、姜、蒜炒香，再放入鸡肉块、冬菇、冬笋炒匀，即可出锅。

Part 4 鲜香水产

水产初加工

shuichanchujiagong

Delicious

营养价值

水产品含丰富蛋白质，通常在10%～15%左右，而且是人体所需的优质蛋白质，易于人体消化吸收；且与其他畜肉类相比，其碳水化合物含量较少，所含热量低，最受怕胖者的欢迎。

如何选购水产品

动眼：首先仔细看看水产品的眼睛，如果水产品的眼睛呈透明状态，表示新鲜度高。

动手：用手按水产品肉质表面，若肉质坚实有弹性，按之不会深陷下去，即表示新鲜；再摸摸肉表面有无黏液，无黏液表示新鲜程度高。

动鼻：用鼻子闻一闻水产品，如果有海鲜特有的鲜味，表示很新鲜。反之，若有腥臭与腐败之味则不要购买。

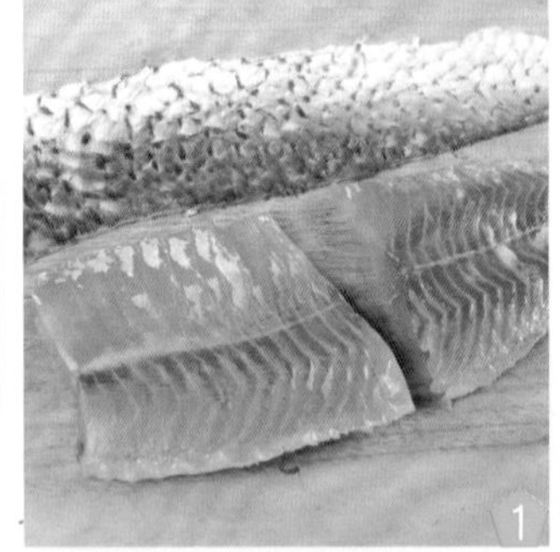

取净鱼肉片成大厚片。

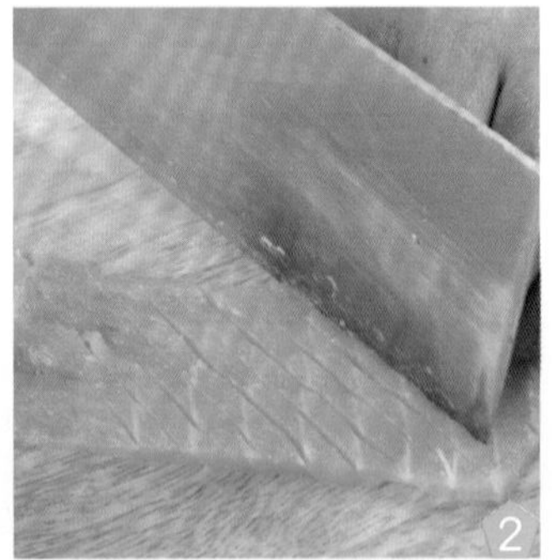

先在表面剞上一字刀。

再转角度剞上相交的十字刀。

然后用直刀切成均匀的条。

鱼肉切丝

取净鱼肉切成大块。

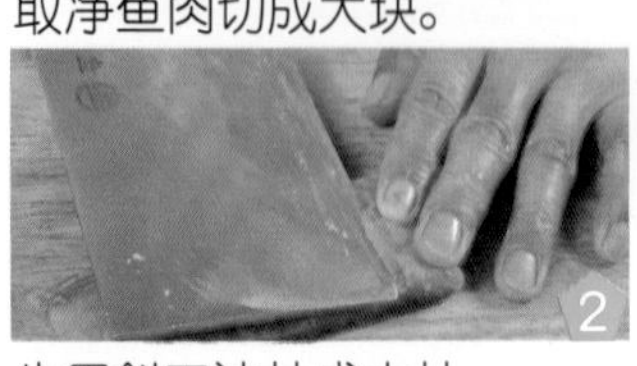

先用斜刀法片成大片。

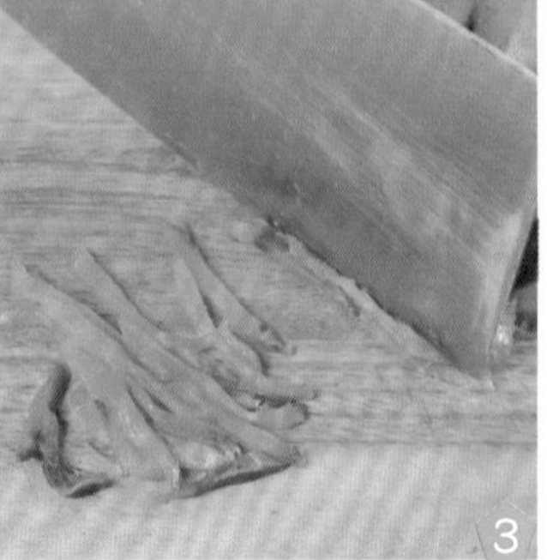

再用直刀法切成均匀的丝。

丝可以分为粗丝、细丝等。

鲜虾切粒

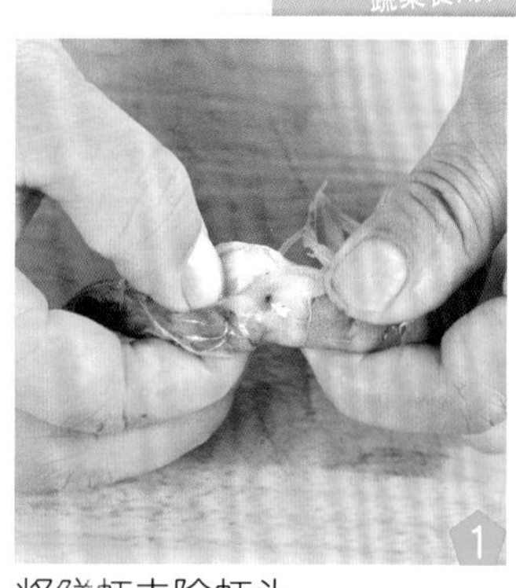

将鲜虾去除虾头。

用手剥去虾壳、虾尾。

再挑除沙线，洗净沥干。

然后用刀切成大小均匀的粒。

活牛蛙剁块

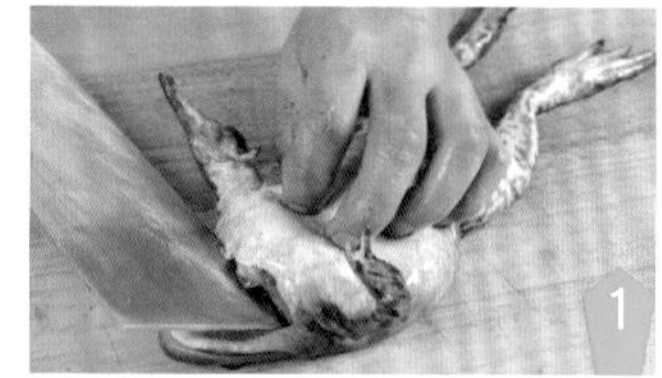

牛蛙拍晕，在颈下切一小口。

用手从头部朝下撕去外皮。

再用剪刀剪开腹部。

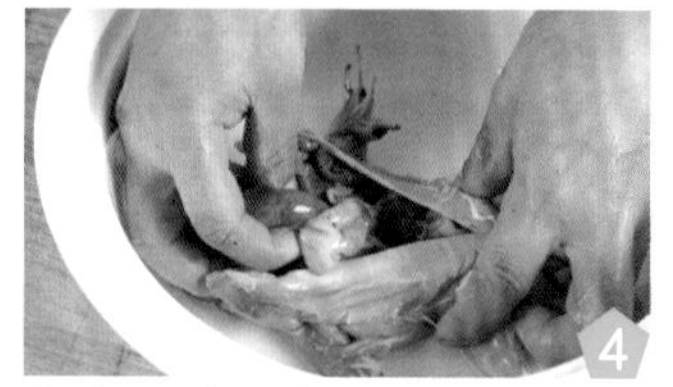

掏去内脏和杂质。

然后用清水洗净，剁去爪尖。

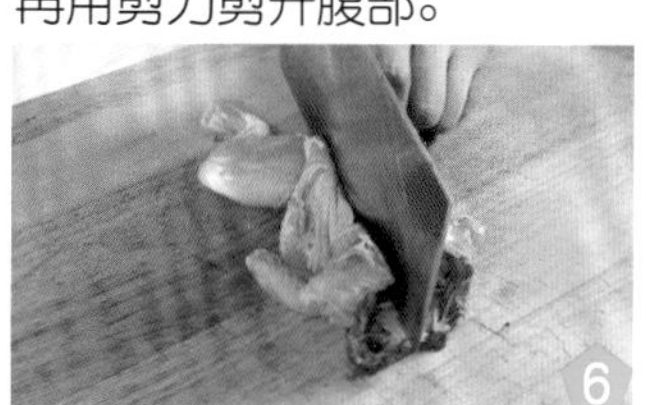

再切成两半，剁成块状即可。

巧制鱼蓉

①先将净鱼肉片成厚片。

②再切成黄豆大小的粒。

③然后用刀将鱼粒剁成鱼蓉即可。

④也可以用刀背直接在鱼肉表面刮取。

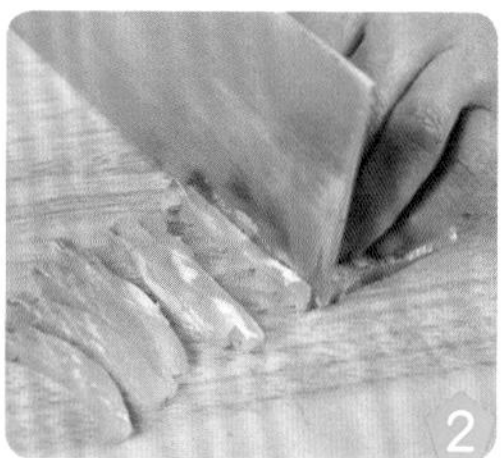

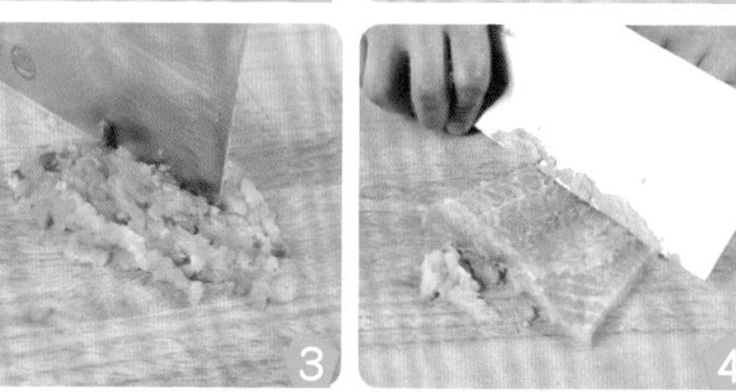

菊花形鱼肉

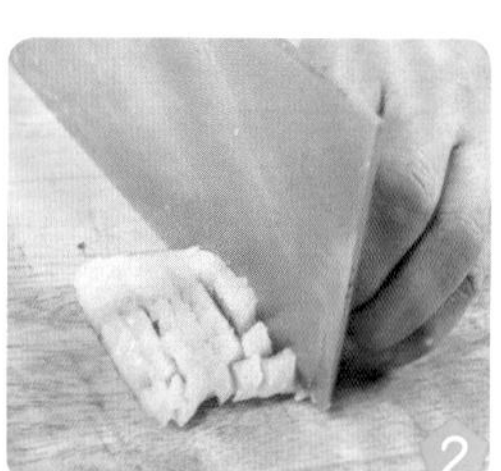

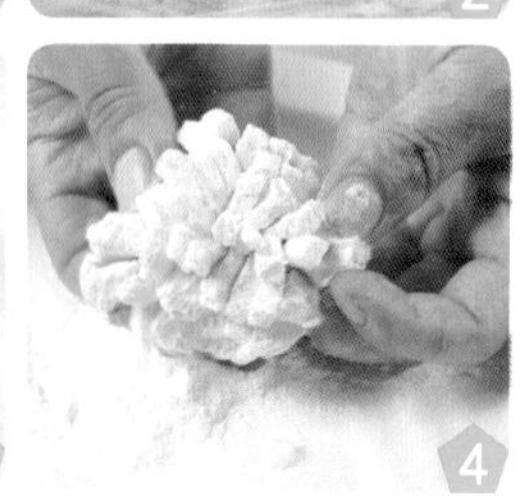

①选取带皮鱼肉，直刀在鱼肉表面剞上一字刀。

②再掉转一个角度，继续剞上一字刀。

③剞花刀时，注意不要将鱼皮切破。

④滚上淀粉并抖散，即为菊花形鱼肉。

凤尾大虾

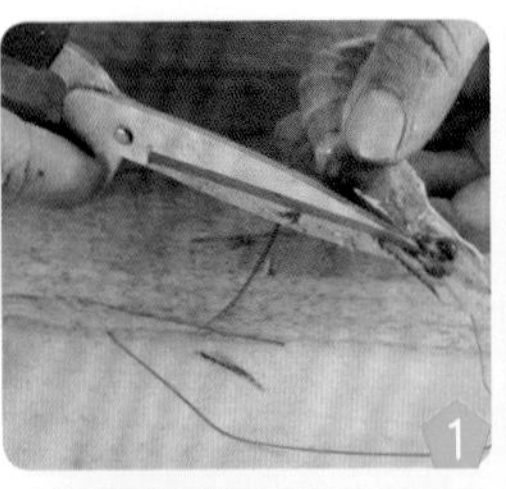

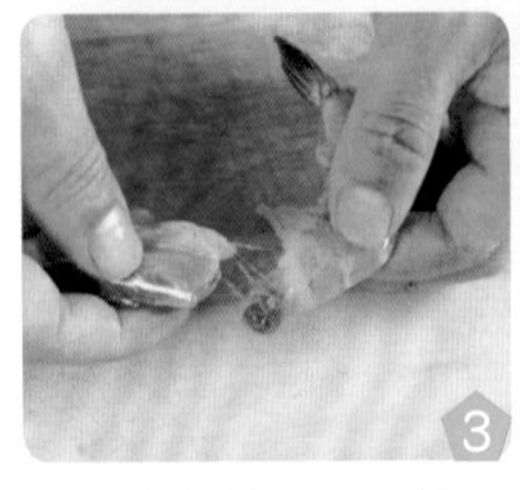
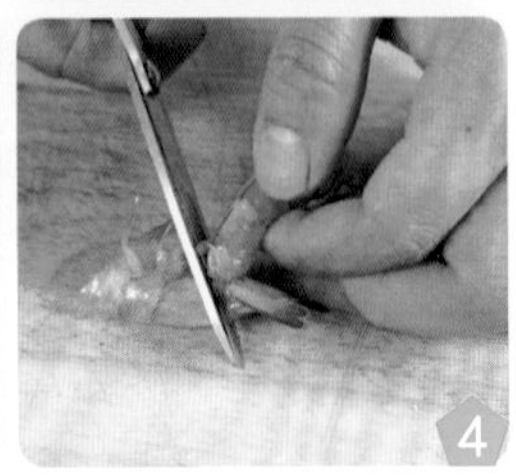

①将大虾洗净，用剪刀剪去虾枪。

②再去除虾须、步足等。

③制作凤尾大虾时，需要先去除虾头。

④剥去外壳后留下虾尾。

⑤再用刀从脊背处片开(使腹部相连)。

⑥挑去黑色虾线(虾肠)。

⑦然后将虾肉压平，用刀背捶剁几下即可。

⑧也可将虾肉蘸匀淀粉，用擀面杖捶砸成大片。

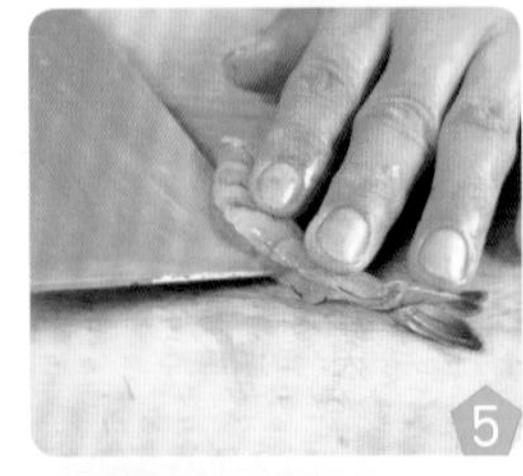
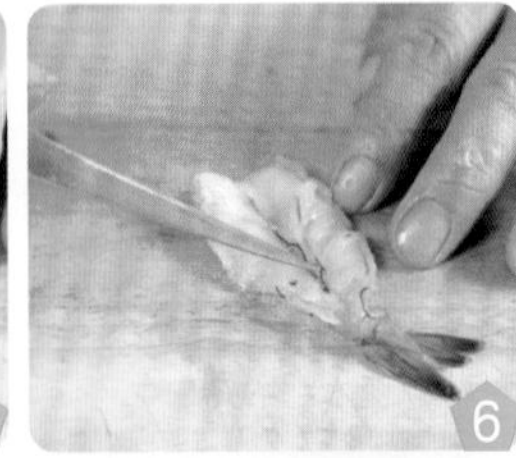
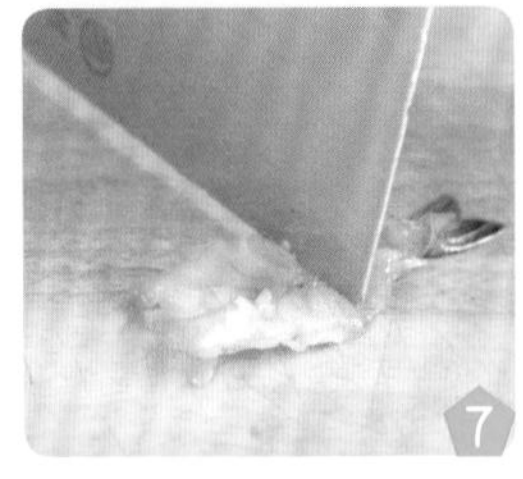

交叉十字形花刀

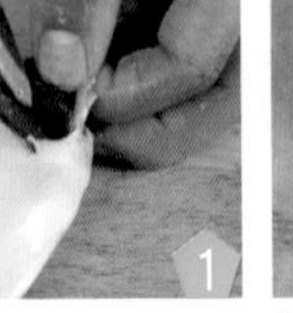

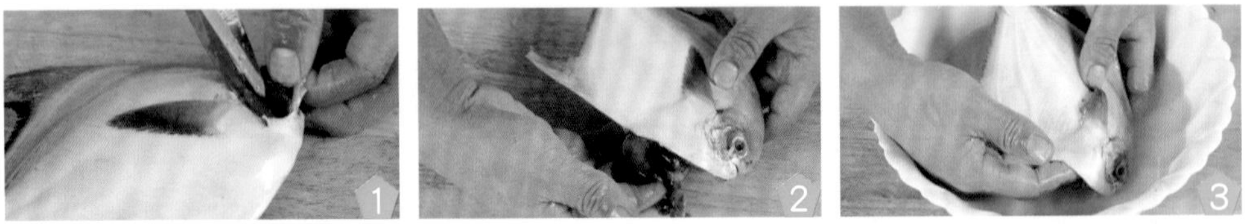

将鱼洗净，去掉鱼鳃。

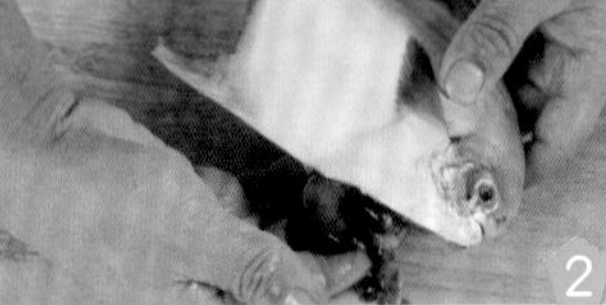

剖开鱼腹，除去内脏。

用清水洗净，擦净水分。

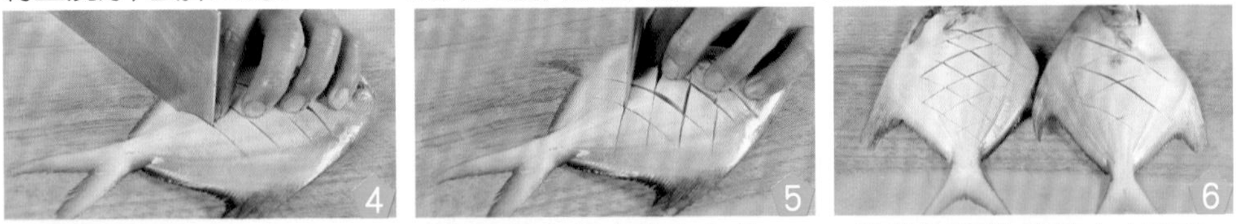

先用直刀斜剞上一字刀。

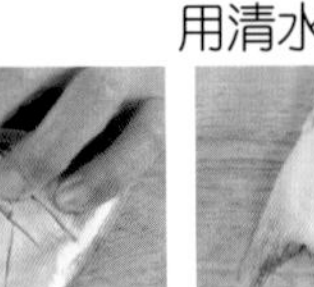
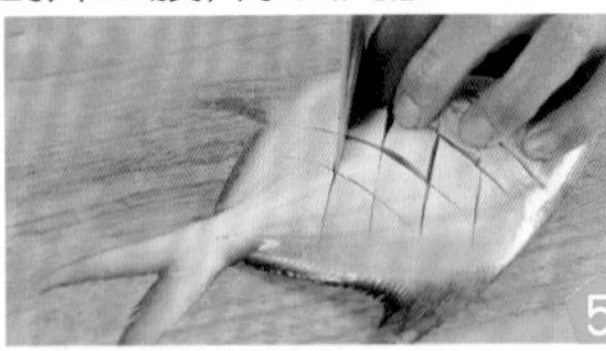

再剞上与之相交的十字花刀。

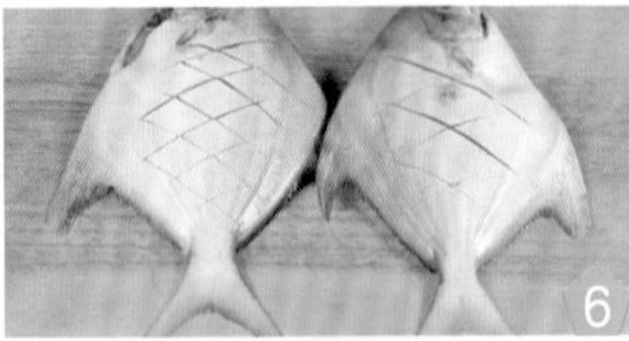

刀纹的间距依鱼的大小而定。

斜一字形花刀

将鱼刮去鱼鳞，去掉鱼鳃。

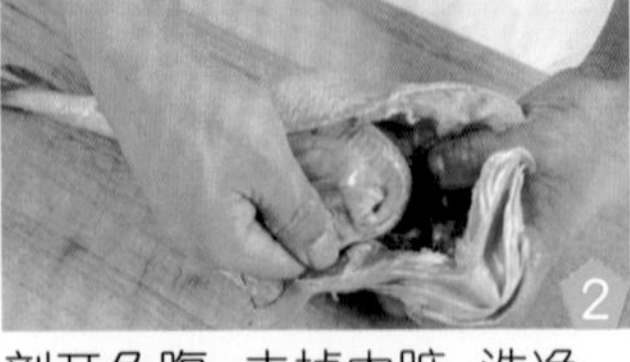

剖开鱼腹，去掉内脏，洗净。

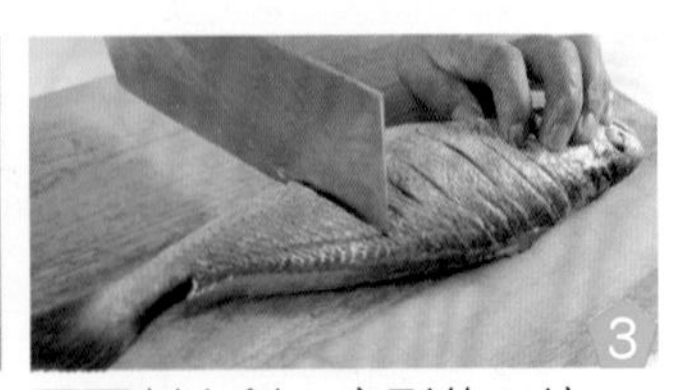

两面剞上斜一字形的刀纹。

刀纹间距为1厘米称一指刀。

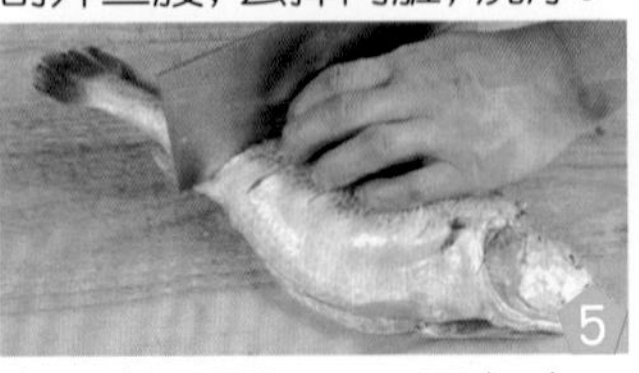

当刀纹间距为1.5～2厘米时。

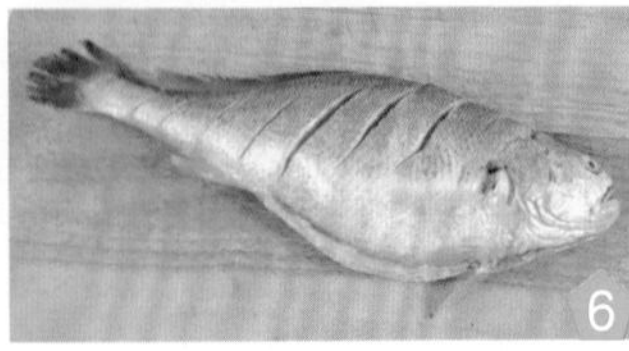

又可以称为二指刀。

荔枝形花刀

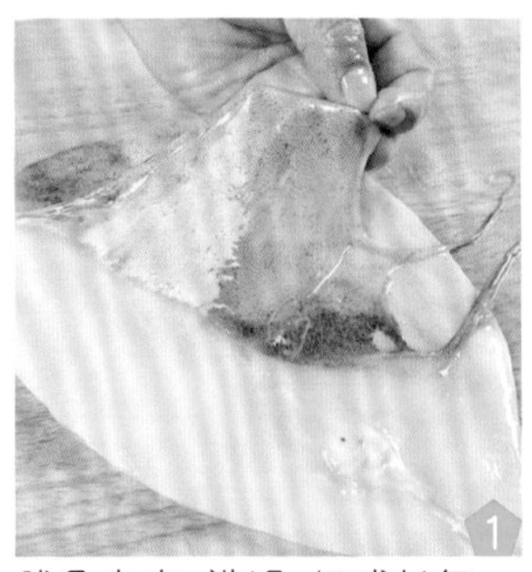
鱿鱼去皮，洗净，切成长条。

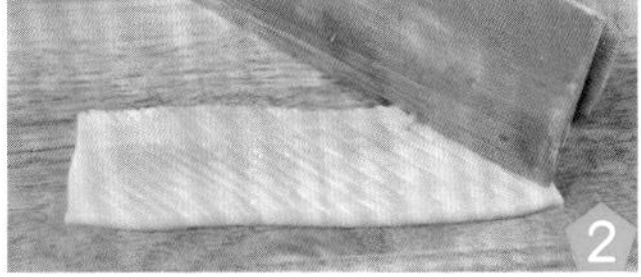
用直刀推剞上斜一字刀纹。

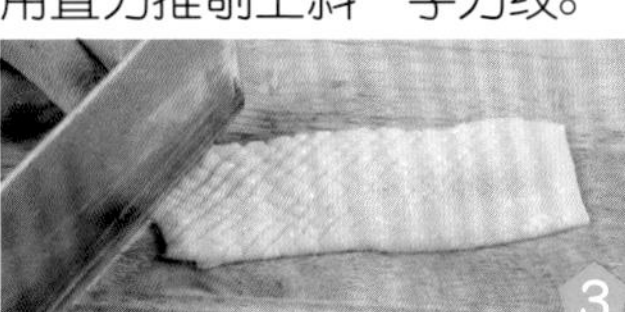
再转一个角度用直刀推剞。

切成等边三角形为荔枝花刀。

灯笼形花刀

将鱿鱼收拾干净，切成条。

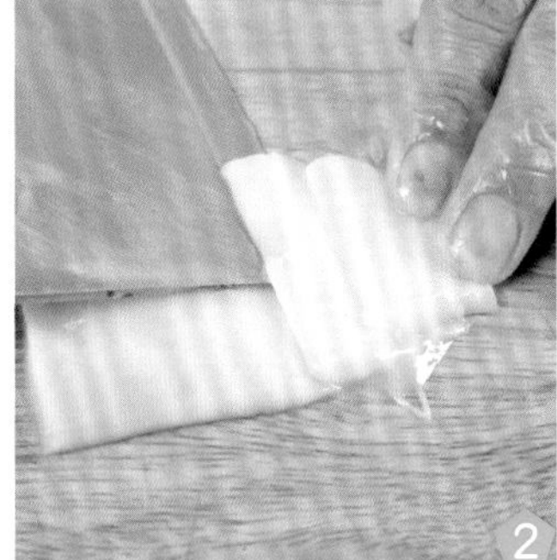
先在一端斜着拉剞上两刀。

相反方向再拉剞上两刀。

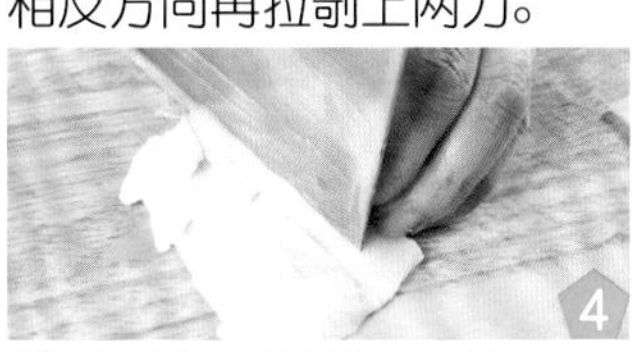
然后用直刀竖剞上刀纹。

麦穗形花刀

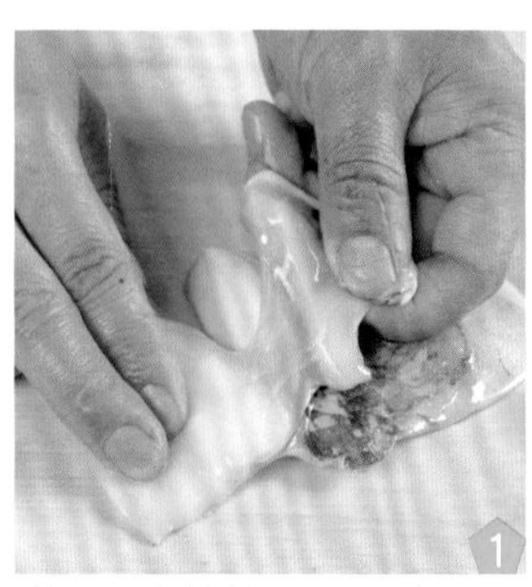
鲜墨鱼去掉筋膜和内脏。

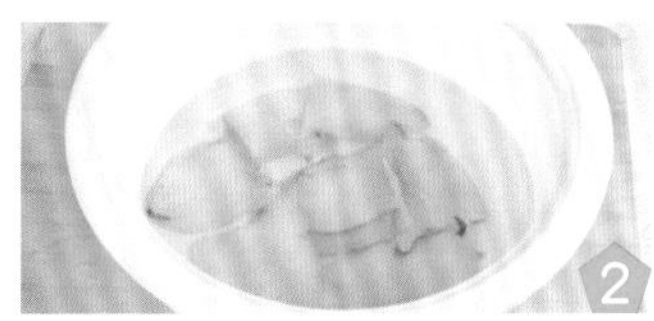
漂洗干净，沥净水分。

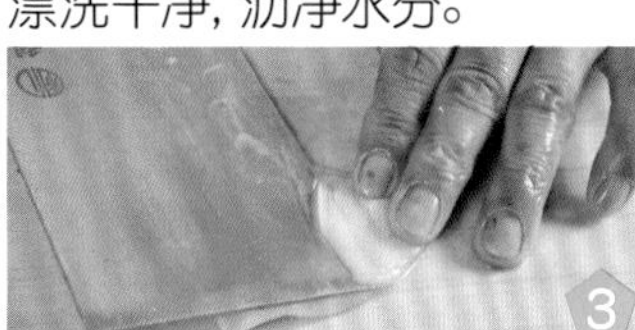
用斜刀在内侧剞上一字刀纹。

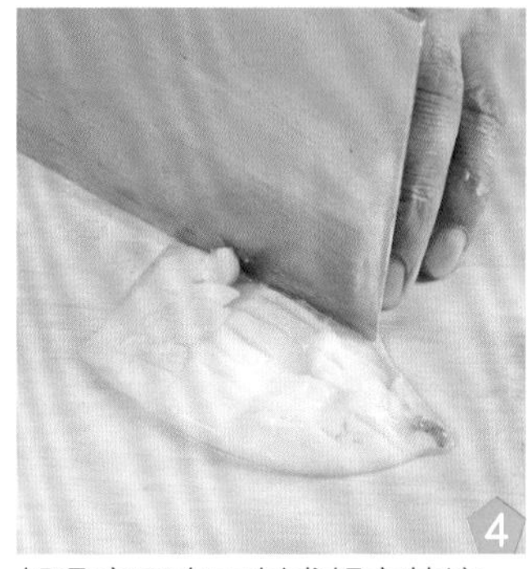
换角度用直刀剞成相交花纹。

柳叶形花刀

鲜鱼去鳞，去掉鱼鳃。

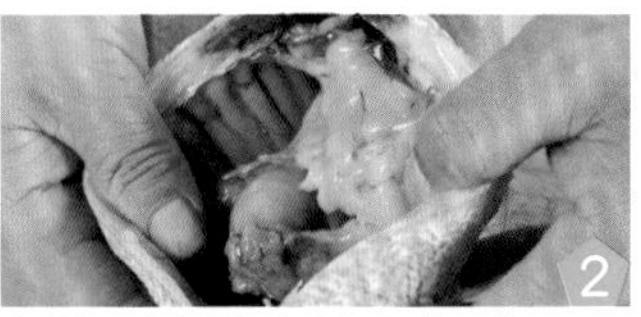
剖腹后去除内脏和杂质。

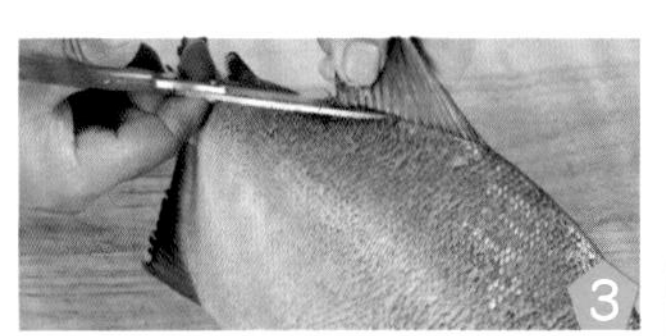
用清水洗净，剪去鱼鳍。

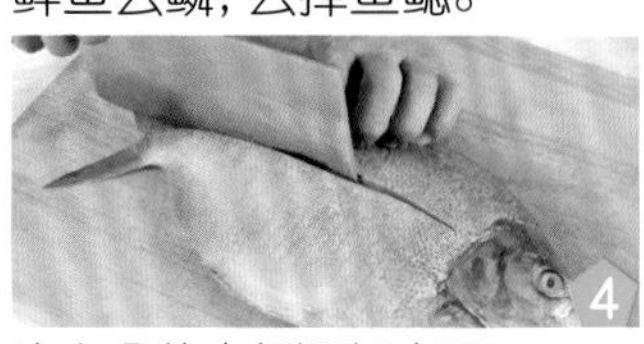
先在鱼的中部顺长直切一刀。

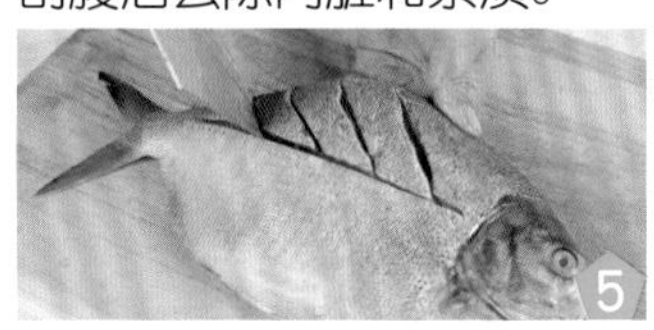
再顺刀一侧剞上45度的刀纹。

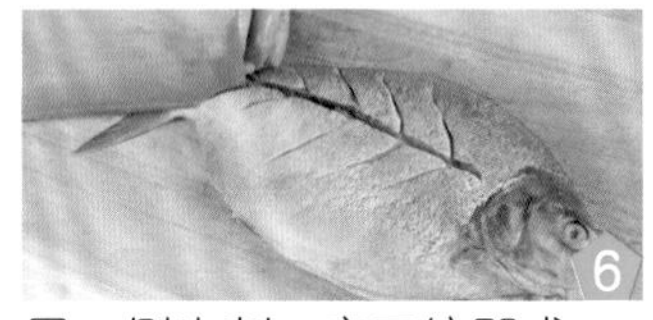
另一侧也剞一字刀纹即成。

01 八宝海参 2小时

选 1.

水发海参400克，熟火腿、冬笋、熟鸡肉、熟莲子各25克，水发蹄筋50克，虾米15克，荸荠50克，水发香菇5克，酱油1小匙，料酒1大匙，味精1/2小匙，精盐1/2小匙。

备 2.

海参、蹄筋洗净，切条；冬笋、火腿、鸡肉切片；荸荠切丁；莲子去心。

做 3.

炒锅烧热用葱姜炝锅，下海参稍炒，烹入鸡汤，装碗，将鸡汤、香菇、火腿等原料烩熟，倒在海参上蒸1小时后沥汁码盘，原汁加调料烧开勾芡，浇在海参上即成。

备2.

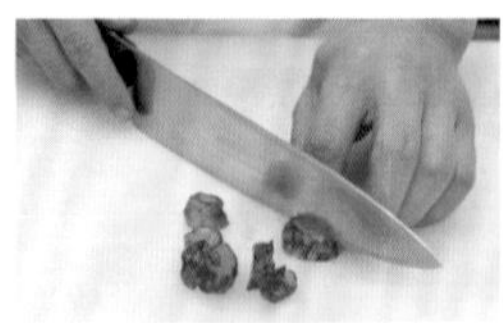

02 扒酿海参 30分钟

选 1.

水发海参6个，猪肥肉泥100克，鲜虾泥30克，葱段10克，精盐、味精、料酒各少许，葱姜汁、水淀粉、清汤各适量。

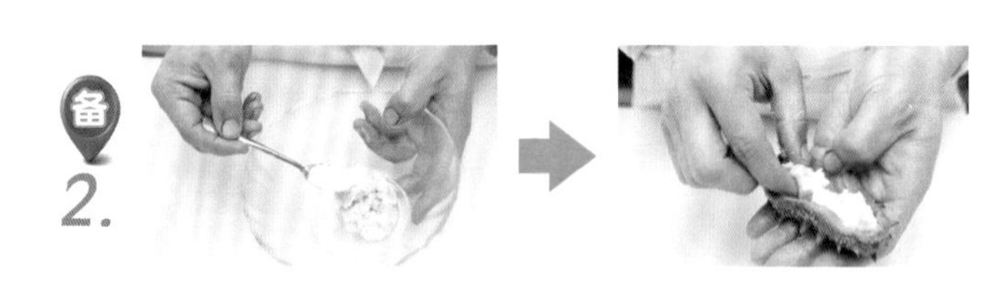

备 2.

虾泥、猪肥肉泥放入碗中，加入精盐、料酒、味精、清汤拌匀成馅料；水发海参洗净，放入清汤锅中，加入葱段、精盐、料酒烧沸，捞出晾凉。

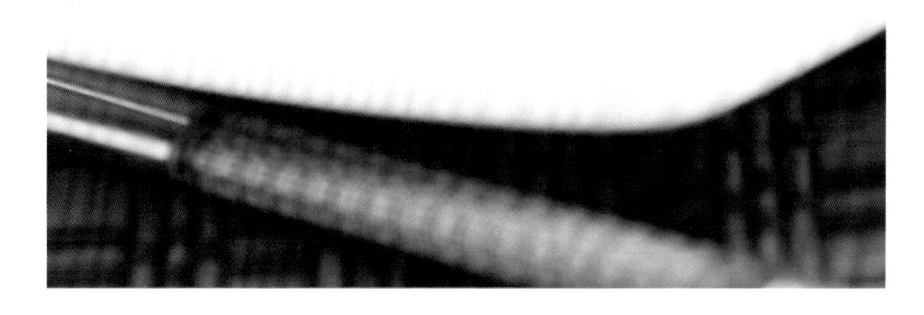

做 3.

虾馅分别酿入海参内，摆入盘中，入笼蒸熟后取出，虾馅面朝下放在案板上，斜剞上4/5深、1厘米宽的刀距，馅面朝上摆入盘中；锅置火上，加入清汤、料酒、葱姜水、精盐、味精烧沸，用水淀粉勾薄芡，起锅浇在海参上即成。

Tips

海参含有丰富的微量元素，尤其是钙、钒、钠、硒、镁含量较高。海参所含的微量元素钒居各种食物之首，可以参与血液中铁的运输，增强造血能力。

小贴士

03 白菜心拌海蜇皮

20分钟

选1.

海蜇皮300克，白菜心250克，香菜50克，蒜泥30克，精盐、味精、米醋、香油各1小匙。

备2.

海蜇皮放入冷水中泡透，再放入开水中浸泡2小时，捞出沥水，切成细丝。大白菜心洗净，顶刀（横切）切成细丝；香菜择洗干净，切成小段。

做3.

将海蜇皮丝、白菜心丝放入容器中，加入精盐、味精、米醋、蒜泥、香油和香菜段调拌均匀，装盘上桌即成。

Tips 购买海蜇，应挑选片大平整、色泽淡白或稍有黄色、无杂色黑斑、肉厚有韧性为好。如形状不整、颜色深浅不匀、肉质层破有异味者为腐烂变质品，不可食用。

小贴士

04 白菜瑶柱炖鲜虾 30分钟

多嘴多舌 大白菜含有蛋白质、脂肪、多种维生素和钙、磷等矿物质以及大量粗纤维，是非常好的健康蔬菜。

选1.

白菜心1个，瑶柱5粒，鲜虾3只，笨鸡半只，火腿粒少许，精盐、鸡精各1小匙，上汤1杯。

备2.

白菜心洗净，放入沸水中焯烫一下，捞入炖锅；将瑶柱放入清水中发透；鲜虾洗净；笨鸡洗涤整理干净，剁成块，放入沸水锅中煮熟；火腿洗净，焯水。

做3.

将瑶柱、鲜虾、鸡肉、火腿放入炖锅中，加入上汤，放入蒸锅蒸炖20分钟，再用精盐、鸡精调味即可。

05 白炒刀鱼丝 30分钟

多嘴多舌 带鱼肉嫩体肥、味道鲜美，只有中间一条大骨，无其他细刺，食用方便，是人们比较喜欢食用的一种海洋鱼类，具有很高的营养价值，对病后体虚和外伤出血等症具有益作用。

选1.

带鱼400克，冬菇丝、火腿丝、青菜丝各20克，鸡蛋清2个，精盐、味精各1/2小匙，料酒、葱姜汁各1小匙，水淀粉2大匙，植物油适量。

备2.

带鱼取净鱼肉，剁成鱼蓉，加入料酒、葱姜汁、精盐、蛋清、水淀粉搅匀，然后灌入牛皮纸卷成的裱花袋中，挤入热油锅中炸熟，捞出切段。

做3.

锅中留油烧热，先下入冬菇丝、火腿丝、带鱼丝、料酒、精盐、葱姜汁、味精炒匀，再用水淀粉勾芡，撒入青菜丝略炒即可。

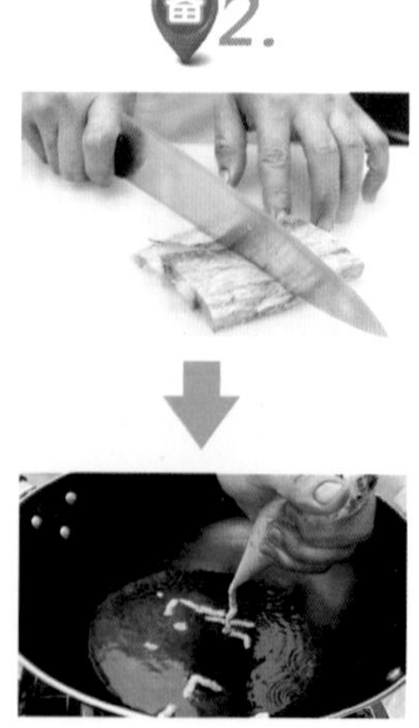

06 百合芦笋虾球 20分钟

选 1.

芦笋400克，虾仁100克，百合30克，青椒块、红椒块各20克，葱花5克，精盐、味精各1/2小匙，水淀粉1小匙，植物油3大匙。

2.

芦笋去皮，洗净，切成小段；百合去皮，洗净，掰成小瓣；虾仁挑除沙线，洗净，从中间片一刀，分别下入沸水中焯烫一下，捞出沥干。

做 3.

锅中加油烧热，下入葱花炒香，再放入百合、虾球、芦笋，加入精盐、味精、青椒块、红椒块炒匀，用水淀粉勾芡，即可出锅装盘。

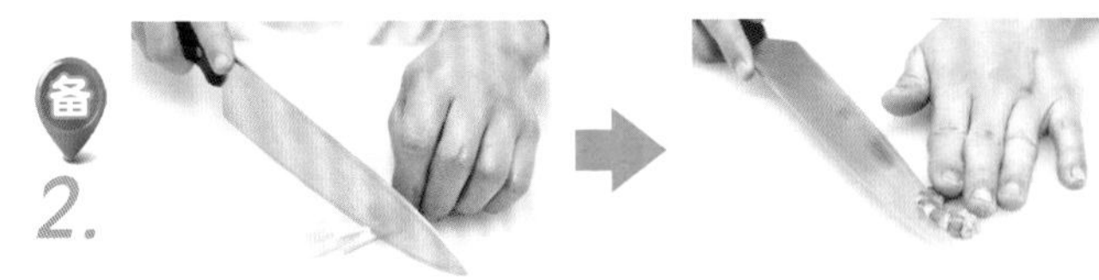

百合主要含生物素、秋水碱等多种生物碱和营养物质，有良好的营养滋补之功，特别是对病后体弱、神经衰弱等症大有裨益。

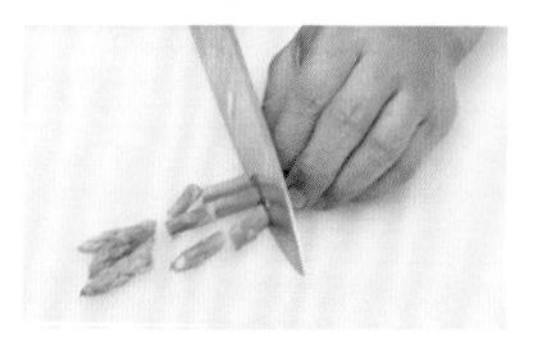

07 百合芦笋炒北极贝

20分钟

选 1.

芦笋300克，北极贝肉、百合各100克，精盐、味精、鸡精各1/2小匙，料酒、水淀粉各1大匙，植物油2大匙。

备 2.

将芦笋洗净，切成小段；百合洗净，掰成小瓣；北极贝肉洗净、沥水。

做 3.

锅中加入清水烧沸，分别放入芦笋段、百合瓣、北极贝肉焯至断生，捞出沥干；锅中加油烧热，放入芦笋、百合、北极贝肉，再烹入料酒翻炒片刻，然后加入精盐、味精、鸡精调味，用水淀粉勾芡，即可出锅装盘。

08 温拌海螺 20分钟

2.

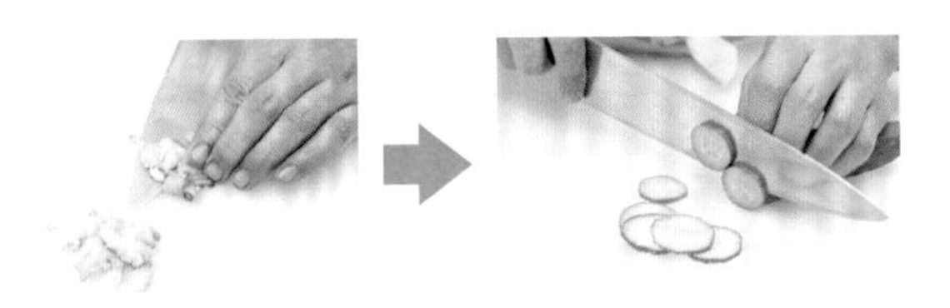

选 1.

海螺300克，黄瓜100克，香菜50克，姜末少许，味精1/2小匙，酱油2大匙，白醋1大匙，香油1/2大匙。

备 2.

将海螺去壳、洗净，片成薄片；黄瓜洗净，切成象眼片；香菜择洗干净，切成小段。

做 3.

锅中加入清水烧开，放入海螺片焯透，捞出冲凉，沥干水分，将黄瓜片垫入盘底，放上海螺片，加入酱油、白醋、香油、味精、姜末拌匀，撒上香菜段即可。

螺肉丰腴细腻，味道鲜美，素有“盘中明珠”的美誉。它富含蛋白蛋、维生素和人体必需的氨基酸和微量元素，是典型的高蛋白、低脂肪、高钙质的天然动物性保健食品。

小贴士

09 蚌肉炒丝瓜

25分钟

选 1.

嫩丝瓜300克，河蚌肉150克，精盐1/2小匙，味精、酱油各1小匙，葱姜汁2小匙，料酒1大匙，植物油4大匙。

备 2.

蚌肉洗净，用刀将硬边处拍松，切成小块；丝瓜洗净、去皮，切成滚刀块。

做 3.

锅中加油烧热，先下入蚌肉快速煸炒一下，再烹入料酒，加入葱姜汁、酱油略烧，盛出装盘，净锅上火，加油烧热，先下入丝瓜块煸炒，再放入蚌肉，加入精盐、料酒、味精翻炒均匀即可出锅。

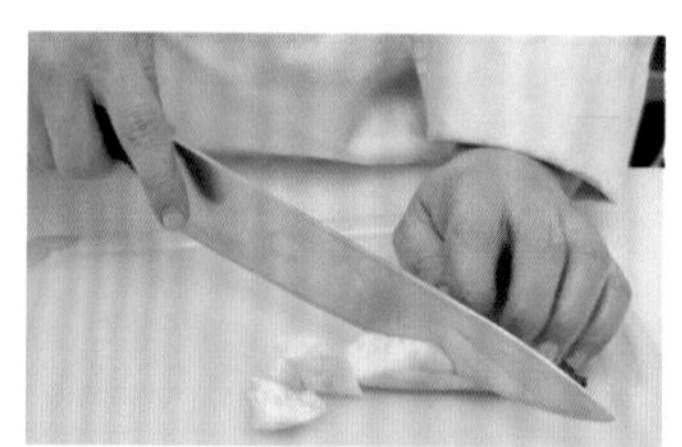

选购储存

丝瓜中含防止皮肤老化的B族维生素，增白皮肤的维生素C等成分，能保护皮肤、消除斑块，使皮肤洁白、细嫩，是不可多得的美容佳品，故丝瓜汁有“美人水”之称。

10 爆炒墨鱼仔 20分钟

选 1.

鲜墨鱼仔500克，嫩韭菜100克，葱段、蒜片各5克，精盐、料酒各1小匙，味精少许，水淀粉1大匙，植物油500克。

备 2.

韭菜洗净，切段，加入少许精盐拌匀；墨鱼仔切下头部，洗净，切成块，放入沸水锅中略烫，捞出沥水。

做 3.

锅中加入植物油烧热，放入墨鱼仔略炸，倒入漏勺沥油，锅留少许底油烧热，下入葱段、蒜片炝锅。烹入料酒，加入精盐和味精炒沸，放入墨鱼仔和韭菜段，用旺火快速炒匀，用水淀粉勾薄芡，出锅装盘即成。

备2.

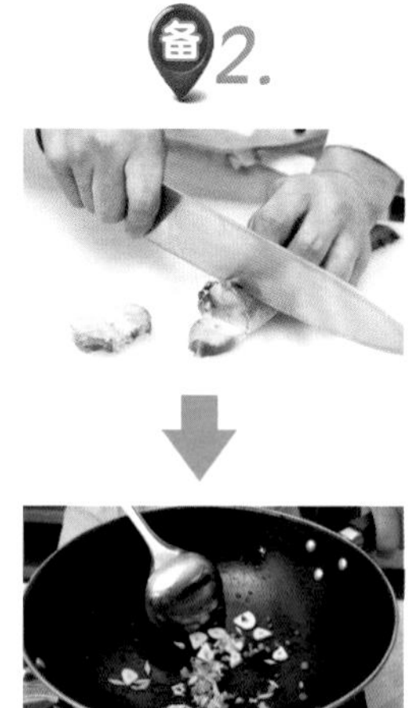

11 爆炒鳝片 30分钟

选1.

活白鳝1尾，春笋片100克，青椒50克，蒜片20克，精盐、味精、胡椒粉各1/2小匙，酱油1/2大匙，白糖、米醋、料酒各1小匙，水淀粉2大匙，葱姜汁2小匙，植物油800克(约耗50克)。

备2.

鳝鱼宰杀，去骨、洗净，片成蝴蝶片，再加入少许精盐、味精、葱姜汁、料酒、水淀粉抓匀上浆。

做3.

锅中加油烧至四成热，先下入鳝鱼滑至变色，捞出沥油，再放入青椒、春笋稍烫，捞出沥干，锅中留底油烧热，先下入蒜片炒香，再加入白糖、酱油、米醋、水淀粉炒匀，然后放入鱼片、青椒、春笋炒至入味，再撒上胡椒粉，即可出锅。

12 荸荠虾仁 20分钟

多嘴多舌 荸荠中含的磷是根茎类蔬菜中较高的，能促进人体生长发育和维持生理功能的需要，对牙齿骨骼的发育有很大好处，同时可促进体内的糖、脂肪、蛋白质三大物质的代谢，调节酸碱平衡，因此荸荠适于儿童食用。

选 1.

鲜虾仁200克，荸荠100克，蛋清1个，精盐、味精、香油各1小匙，水淀粉2小匙，植物油500克。

备 2.

鲜虾仁洗净，切成方粒，加入少许精盐、蛋清、水淀粉拌匀上浆；荸荠去皮、洗净，切丁，放入沸水锅中焯至熟透，捞出晾凉。

做 3.

锅中加入植物油烧至四成热，下入虾仁粒滑散至熟，捞出晾凉，放入盆中，加入荸荠粒、精盐、味精、香油拌匀，装盘上桌即可。

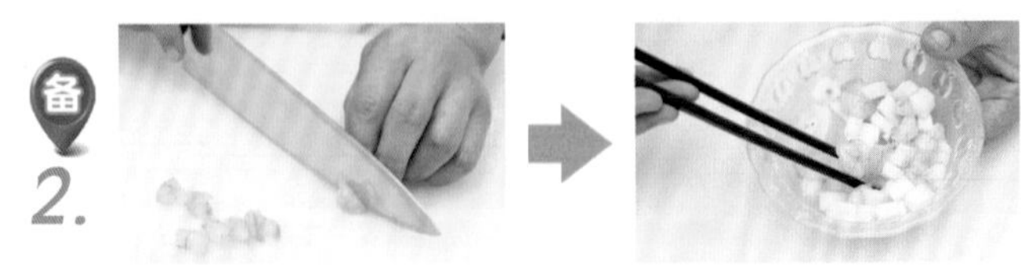

13 避风塘带鱼 20分钟

1.

带鱼500克，青椒、红椒各1个，蒜蓉75克，花椒水2大匙，精盐、白糖、料酒、豆豉、香油各适量，淀粉适量，植物油750克(约耗75克)。

备2.

带鱼去掉头、尾和内脏，用清水洗净，沥净水分，改刀切成大块，加上花椒水、料酒及少许精盐调拌均匀，腌制片刻；将青、红椒去蒂及籽，洗净，切成椒圈；带鱼沥出水分，用餐巾纸吸出水分，抹上少许淀粉。

做3.

锅中加油烧热，放入带鱼块炸酥脆，捞出；将蒜蓉放入油锅中炸至金黄色，捞出蒜蓉；锅中留少许炸蒜蓉的油烧热，倒入黑豆豉炒香，加入豆瓣酱、料酒、白糖、精盐和味精炒匀，放入青、红椒圈、蒜蓉和带鱼块炒匀，出锅装盘即可。

14 菠萝荸荠虾球 20分钟

多嘴多舌 本菜中菠萝去皮后，可以放入淡盐水中浸泡片刻，以去除杂味，再切成小条。

选 1.

草虾400克，菠萝100克，荸荠50克，青椒25克，鸡蛋清1个，姜末10克，精盐、白糖、胡椒粉、白醋、葡萄酒、番茄酱、淀粉、水淀粉、植物油各适量。

备 2.

荸荠削去外皮，用清水洗净，沥去水分，用刀背拍成碎末，切成条；青椒去蒂，洗净，切成块；草虾去壳、去虾线，洗净，放入搅拌器内，加入鸡蛋清、精盐、葡萄酒打碎成虾泥，再加入荸荠碎、淀粉搅匀成虾蓉。

做 3.

锅中加油烧热，将虾蓉捏成球状，放入油锅内炸至色泽金黄，捞出虾球，沥油；原锅中留油烧热，放入番茄酱、葡萄酒炒香，加入白糖、白醋、姜末、精盐、胡椒粉翻炒几下，再放入菠萝条、青椒块炒匀，用水淀粉勾芡，然后放入炸好的虾球炒匀，出锅装盘即可。

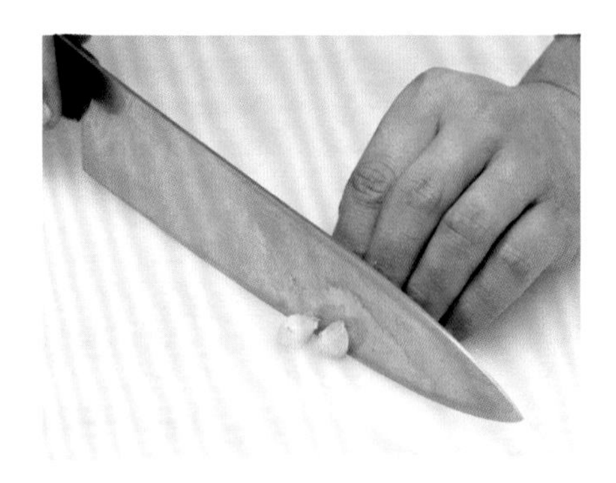

15 菠萝沙拉拌鲜贝 20分钟

选1.

鲜贝350克，菠萝100克，黄瓜片80克，洋葱、红辣椒各25克，鸡蛋1个，精盐、胡椒粉各1小匙，味精少许，面粉3大匙，沙拉酱4大匙，植物油适量。

备2.

将鲜贝洗净，轻轻攥去水分，切成两半，放入碗中，加入胡椒粉、精盐、味精拌匀，稍腌；鸡蛋磕入碗中，加入面粉、少许植物油调拌均匀成软炸糊。红辣椒、洋葱分别洗净，均切成三角片；菠萝去皮、洗净，切成小块。

做3.

将腌好的鲜贝放入软炸糊中裹匀，再放入热油锅中炸至熟透，捞出沥油，放入大碗中，加入沙拉酱、菠萝块、红椒片、洋葱片拌匀，码放入用黄瓜片垫底的盘中即可。

16 彩椒鲜虾仁 25分钟

选 1.

虾仁300克，鲜香菇50克，红椒、黄椒、青椒各30克，腰果15克，葱末、姜末各5克，精盐、鸡精、胡椒粉、香油各1/2小匙，植物油2大匙。

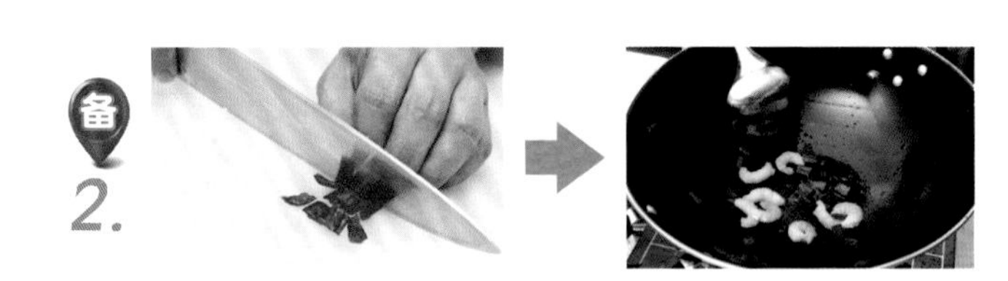

备 2.

将虾仁挑除沙线，洗净沥干；红椒、黄椒、青椒分别洗净，去蒂及籽，切成小丁；鲜香菇去蒂、洗净，切成小丁。

做 3.

坐锅点火，加油烧热，先下入虾仁、葱末、姜末略炒，再放入红椒、黄椒、青椒、香菇翻炒均匀，然后烹入料酒，加入精盐、鸡精、胡椒粉炒至入味，再撒入腰果，淋入香油炒匀，即可出锅装盘。

Tips 虾仁中含有20%的蛋白质，是蛋白质含量很高的食品之一，是鱼、蛋、奶的几倍甚至十几倍，虾仁和鱼肉相比，所含的人体必需氨基酸缬氨酸并不高，但却是营养均衡的蛋白质来源。小贴士

17 参茂干烧鲥鱼

30分钟

选1.

鲥鱼1尾，酱牛口条丁100克，笋丁80克，葱段、姜片、蒜片各5克，八角3粒，精盐、白糖各1小匙，郫县豆瓣、酱油各4小匙，米醋、料酒各2小匙，辣椒糊1大匙，植物油1500克（约耗50克）。

备2.

鲥鱼去鳃、去鳞，剖腹去内脏，洗净，剞上一字花刀，放入八成热油锅中炸至金黄，捞出。

做3.

锅中加油烧热，先下入姜片、蒜片、葱段炝锅，再加入八角、郫县豆瓣、辣椒糊炒至金黄色，盛入碗中；净锅加油烧热，下入姜片、葱段炝锅，再加入酱油、米醋、白糖、精盐、料酒、鲥鱼，烧至鲥鱼回软，然后放入酱牛口条丁、笋丁以及郫县豆瓣、辣椒糊等，转中火烧透，出锅装盘即可。

18 草菇海鲜汤 30分钟

多嘴多舌 草菇的维生素C含量高，能促进人体新陈代谢，提高机体免疫力，增强抗病能力。草菇蛋白质中，人体八种必需氨基酸整齐、含量高，占氨基酸总量的38.2%。

选 1.

蛤蜊200克，墨鱼150克，草菇罐头1瓶，鲜虾5只，小西红柿5个，葱段20克，精盐、鸡精、胡椒粉各1/2小匙，料酒1大匙。

备 2.

鲜虾去虾须、虾头、虾壳，挑去虾线，洗净；墨鱼去头，切开后洗净，剞上交叉花刀，再切成小片；蛤蜊洗净；草菇洗净，切成片；小西红柿洗净、切片。

做 3.

汤锅置火上，加入适量高汤烧沸，放入鲜虾、墨鱼片、草菇、小西红柿片、蛤蜊，再加入调料烧沸，煮约5分钟，出锅装碗即可。

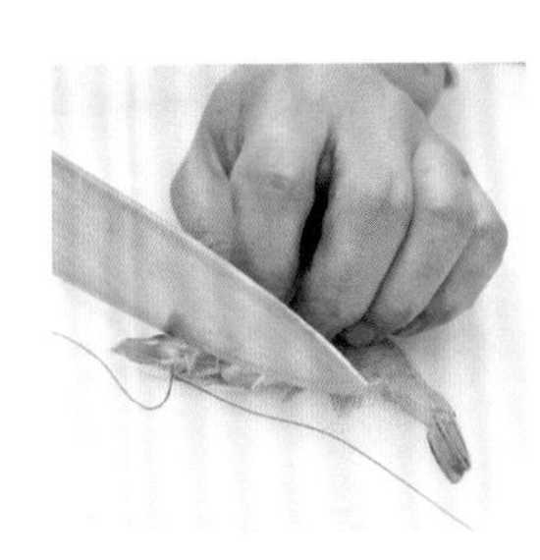

19 草菇烧海螺肉 25分钟

选 1.

鲜海螺肉250克，青菜心50克，香菇15克，水淀粉30克，蒜1小匙，葱1大匙，酱油1/2大匙，醋2大匙，清汤30克，料酒1/2大匙，鸡油4克，精盐2克，白糖各2小匙，植物油500克（实耗约25克）。

备 2.

将鲜海螺肉加入精盐和醋拌匀后，用手揉搓，再用清水冲洗，洗净杂质，分为两片，在肉的外面剞上十字花刀，再切成块，放在碗内加入水淀粉（20克）调匀；大葱、蒜切成薄片，冬笋切片，青菜心切成段。

做 3.

锅中加油烧热，将海螺肉放入油中炸一下，捞出沥油；将勺内留油烧热，放入葱、蒜炸出香味时，加入清汤、白糖、酱油、精盐（2克）、香菇、海螺肉、青菜心、料酒，移至小火上煨3分钟，加入水淀粉（10克）勾芡，淋上鸡油即成。

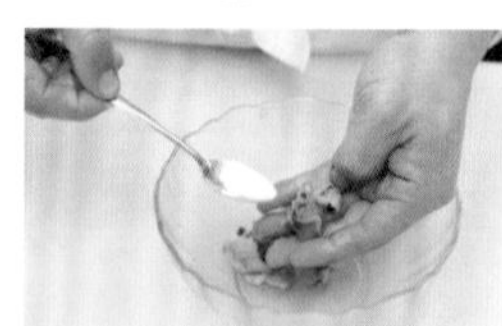

20 茶熏八爪鱼 30分钟

选 1.

八爪鱼600克，茶叶15克，花椒粉1/2小匙，白糖、料酒各2大匙，老抽、生抽各2小匙。

备 2.

八爪鱼洗净，放入清水锅中，加入老抽、生抽烧沸，转小火卤煮15分钟至入味，捞出沥水。

做 3.

熏锅置火上，撒入白糖、茶叶拌匀，放入箅子，再放上八爪鱼，盖好锅盖，用小火烧至锅中冒烟，关火后等烟散尽即成。

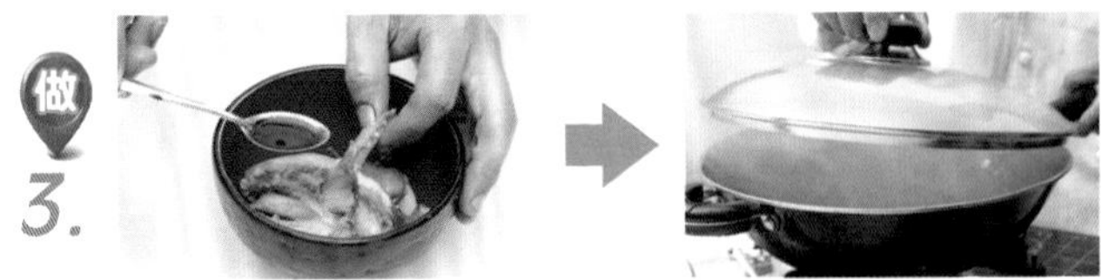

多嘴多舌 八爪鱼含有丰富的蛋白质、矿物质等营养元素，并还富含抗疲劳、抗衰老，能延长人类寿命等重要保健因子天然牛磺酸。

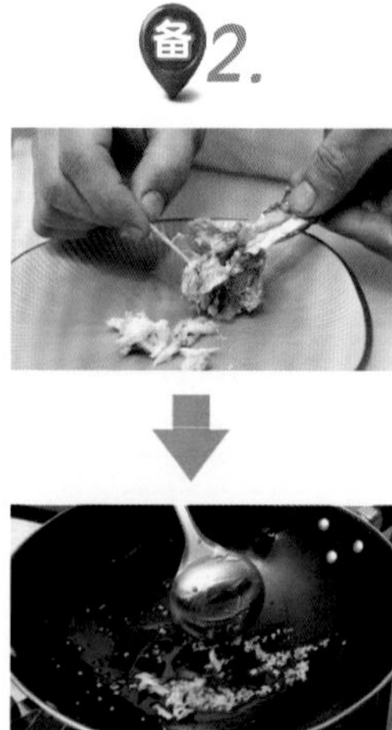

21 炒金蟹 20分钟

选1.

活海蟹3只，红椒末少许，葱末、姜末各10克，精盐、白糖、酱油各1小匙，味精1/2小匙，料酒1大匙，水淀粉2小匙，胡椒粉少许，鸡汤2大匙，植物油3大匙。

2.

将海蟹洗净，捆牢蟹脚，上屉蒸至蟹壳发红，再取出晾凉，剔出蟹黄、蟹肉，放入盘中，然后将蟹脚逐节剪下，挤出蟹肉。

做3.

锅中加油烧热，先下入葱末、姜末炸香，再放入蟹黄、蟹肉煸炒出油，然后烹入料酒，加入精盐、味精、白糖、酱油、胡椒粉、鸡汤翻炒至入味，再用水淀粉勾芡，撒入红椒末，即可出锅装盘。

22 豉椒蒸草鱼

20分钟

选 1.

净草鱼1尾，青椒丁、红椒丁各少许。葱丁、蒜末、豆豉、蚝油、一品鲜酱油、白糖、胡椒粉、味精、香油、料酒、植物油各适量。

备 2.

豆豉剁碎，与蒜末分别下入热油中滑散，放入碗中，再加入蚝油、一品鲜酱油、白糖、胡椒粉、味精、香油、料酒调匀成蒜泥豉汁。

做 3.

草鱼洗净，切下头尾，摆放在盘子的两端，再将草鱼去骨取肉，切成片，放入盘中，将豉汁均匀地浇在鱼片上，再蒙上保鲜膜，入蒸锅蒸熟，取出后撒上青椒丁、红椒丁、香葱丁，再将植物油烧热，淋入盘中即可。

23 豉椒蒸扇贝

20分钟

选 1.

活扇贝10只，青椒丁、红椒丁各15克，葱末、蒜末各10克，味精、蚝油、一品鲜酱油、白糖、豆豉、胡椒粉、香油各少许，料酒2小匙，植物油2大匙。

备 2.

扇贝刷洗干净；豆豉剁碎，与蒜末分别下入热油锅中滑散，再加入蚝油、酱油、白糖、胡椒粉、味精、香油、料酒拌匀，制成蒜泥豉汁。

做 3.

将扇贝摆入盘中，浇上蒜泥豉汁，放入沸水蒸锅中蒸3分钟至熟，取出后撒上青椒丁、红椒丁、香葱末，再淋入热油即成。

Tips 贝类软体动物中，含一种具有降低血清胆固醇作用的代尔太胆固醇和亚甲基胆固醇，它们兼有抑制胆固醇在肝脏合成和加速排泄胆固醇的独特作用，从而使体内胆固醇下降。 小贴士

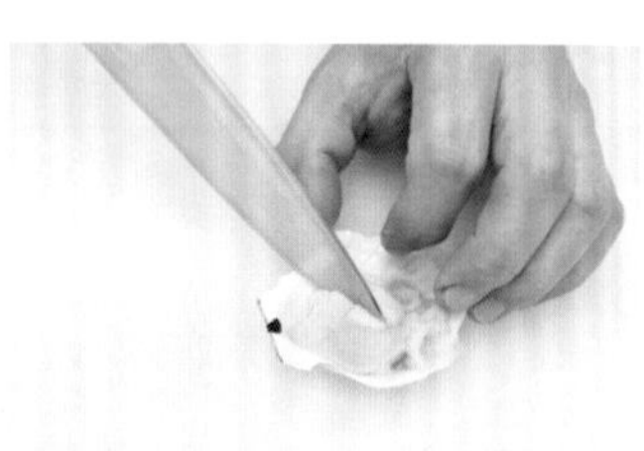

选购储存

首先应选择外壳颜色比较一致且有光泽、大小均匀的扇贝，不能选太小的，否则因肉少而食用价值不大。

24 鹑蛋海参煲 30分钟

选 1.

水发海参200克，熟鹌鹑蛋15个，猪五花肉片50克，青蒜段15克，蒜末各5克，精盐、味精各1大匙，酱油、植物油各3大匙。

2.

海参去泥肠，洗净，切成长条，用沸水焯透，捞出；鹌鹑蛋去壳，用热油炸至金黄色，捞出。

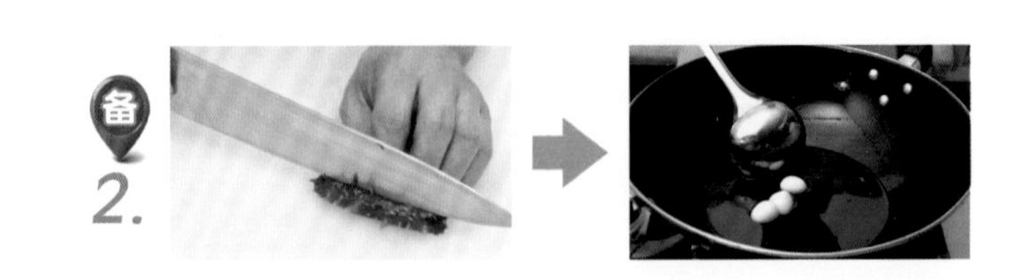

做 3.

锅中加油烧热，先下入姜末、蒜末炒香，再放入猪五花肉片、海参、适量清水，然后加入精盐、味精、酱油，放入鹌鹑蛋炖至入味，倒入砂锅中，撒入青蒜段即可。

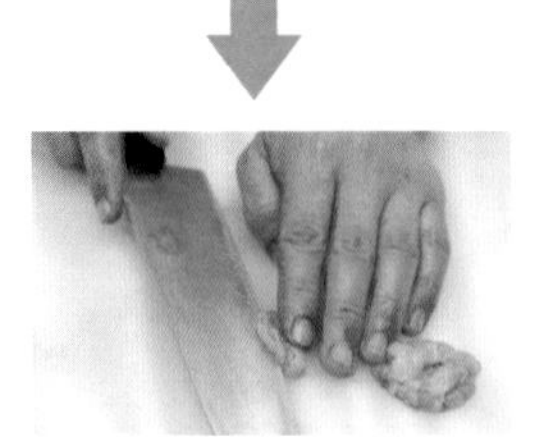

25 葱爆虾球 20分钟

选 1.

鲜虾500克，大葱200克，精盐、味精、白糖、胡椒粉、酱油、料酒、淀粉、水淀粉、香油各适量。

备 2.

大虾去头、去皮，留虾尾，去除沙线，洗净，加入精盐、味精、胡椒粉腌制约5分钟，再加入少许淀粉拌匀；大葱择洗干净，切成小段。

做 3.

锅中加油烧热，下入腌好的大虾炒至断生，再放入葱段略炒，然后加入酱油、味精、白糖炒至入味，再用水淀粉勾芡，淋入香油，即可出锅装盘。

26 葱姜炒飞蟹 20分钟

多嘴多舌

螃蟹含有丰富的蛋白质及微量元素，对身体有很好的滋补作用。螃蟹还有抗结核作用，吃蟹对结核病的康复大有补益。

选 1.

活飞蟹2只（约400克）。葱段30克，姜片20克，精盐1小匙，胡椒粉1/2小匙，面粉3大匙，水淀粉1大匙，香油少许，植物油750克。

备 2.

飞蟹开壳，去除内脏，洗净沥干，再切成大块，拍匀面粉，下入五成热油中炸至金黄色、熟透，捞出沥油。

做 3.

锅中留底油烧热，先下入葱段、姜片炒出香味，再放入蟹块炒匀，然后添入适量清水，加入精盐、胡椒粉翻炒至入味，再用水淀粉勾芡，淋入香油，即可出锅装盘。

备 2.

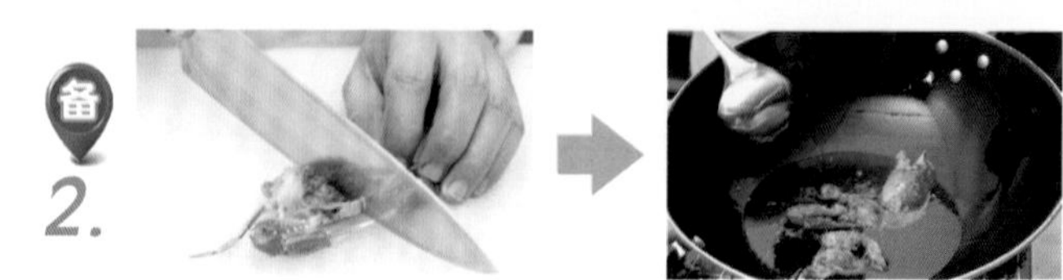

27 葱姜大虾 25分钟

多嘴多舌 虾仁中含有20%的蛋白质，是蛋白质含量很高的食品之一，是鱼、蛋、奶的几倍甚至十几倍，虾仁和鱼肉相比，所含的人体必需氨基酸缬氨酸并不高，但却是营养均衡的蛋白质来源。

选1.

大虾500克，胡萝卜25克，香菜15克，葱段10克，姜丝10克，精盐1小匙，白糖、花椒水各2小匙，料酒、酱油、水淀粉各1大匙，味精1/2小匙，植物油适量。

备2.

大虾去壳、沙线和沙袋，洗净，切成小段；胡萝卜去皮，切成片；香菜洗净，切成小段。

做3.

锅置火上，放入植物油烧热，加入葱段、姜丝炝锅，放入大虾、胡萝卜片和花椒水稍炒，放入精盐、酱油、白糖、料酒、味精炒匀，用水淀粉勾芡，撒上香菜段，出锅装盘即可。

28 葱椒鲜鱼条 30分钟

多嘴多舌

本菜中鱼条下入油锅时，应将油温控制在3～4成热，以避免鱼肉迅速焦糊。

选1.

净草鱼1尾(约750克)，红椒丝15克，葱段25克，姜片15克，精盐1小匙，味精2小匙，白糖、料酒各3大匙，香油2大匙，鸡汤500克，植物油适量。

备2.

将草鱼洗净，从背部剔去鱼骨，取净鱼肉，再切成5厘米长的条，用葱、姜、精盐、料酒腌渍30分钟，然后下入热油锅中炸透，捞出沥油。

做3.

锅中留底油烧热，先放入白糖、精盐、料酒、鸡汤烧沸，再放入鱼条小火煨熟，待汤汁浓稠时，加入葱段、红椒丝炒匀，淋上香油即可。

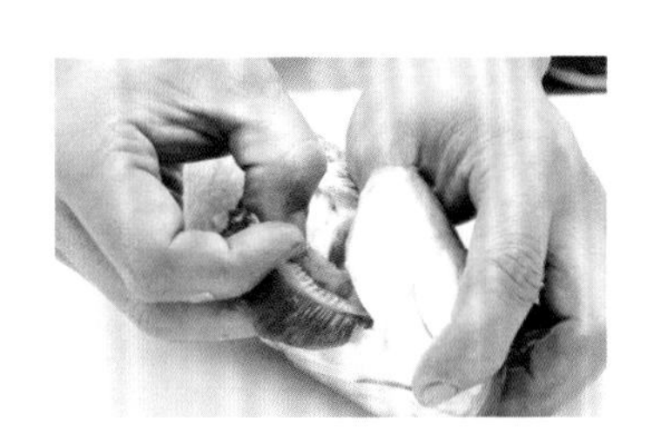

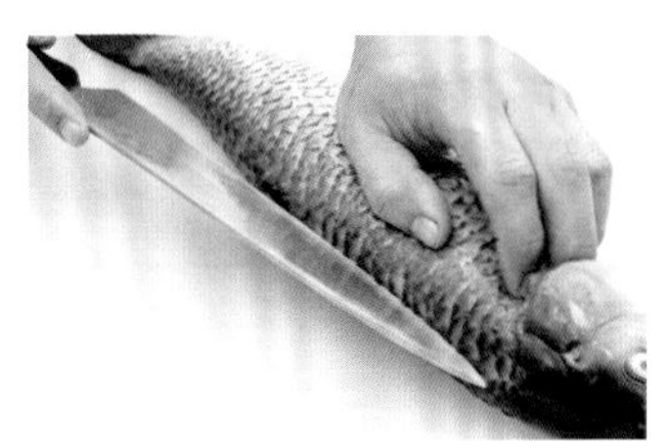

选购储存

观鱼形。污染重的鱼，形态异常，有的头大尾小，脊椎弯曲甚至出现畸形，还有的表皮发黄，尾部发青。

29 葱辣鱼脯

选 1.

净鱼肉300克，香菜段少许，泡红辣椒30克，葱丝15克，葱花、姜末各5克，精盐、味精各1/2小匙，料酒1大匙，胡椒粉1/3小匙，米醋1小匙，水淀粉、鸡汤、植物油各适量。

备 2.

鱼肉切成小条，加上精盐、料酒、水淀粉拌匀，腌渍入味，放入油锅内炸上色，捞出沥油。

做 3.

炒锅置火上，放入植物油烧热，下入葱花、姜末炝锅，加入泡红辣椒、葱丝炒出香辣味，加入鱼条、鸡汤、米醋、料酒、胡椒粉烧沸，改中火烧至入味，撒上香菜段，装盘即可。

备 2.

30 葱油海螺 20分钟

选 1.

鲜海螺肉300克，葱叶40克，精盐、味精各1/2小匙，白糖少许，食用碱、香油各1小匙，植物油1大匙。

备 2.

海螺肉洗净，片成薄片，再放入盆中，加入适量清水和食用碱，浸泡10分钟，然后下入沸水锅中焯熟，捞出晾凉，装入盘中。

做 3.

将葱叶洗净，切成葱花，再放入四成热油中炸香出味，滗出葱油，精盐、味精、白糖、香油、葱油放入碗中调匀，浇在海螺肉上，拌匀即可。

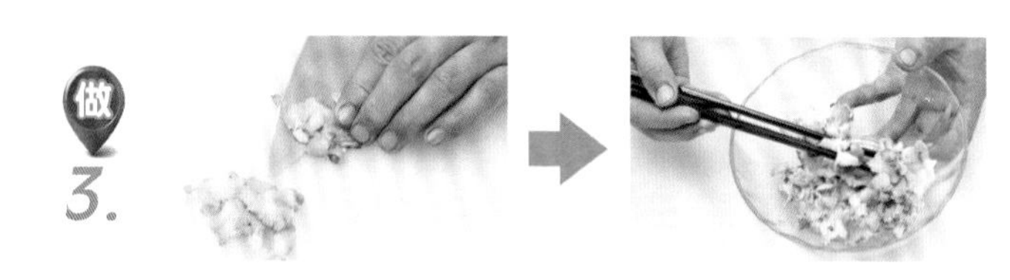

Tips 海螺肉丰腴细腻，味道鲜美，素有“盘中明珠”的美誉。它里面富含蛋白蛋、维生素和人体必需的氨基酸和微量元素，是典型的高蛋白、低脂肪、高钙质的天然动物性保健食品。 小贴士

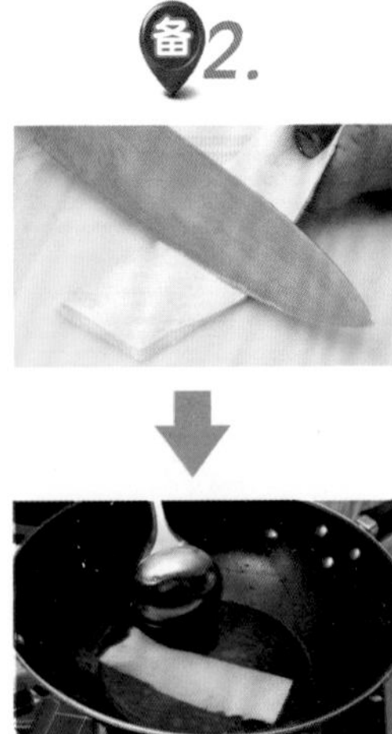

31 醋酥鲫鱼

30分钟

选1.

小鲫鱼750克，猪骨头250克，猪肉皮150克，大葱、姜块、蒜瓣各15克，八角3个，酱油2大匙，精盐2小匙，料酒、白糖各1大匙，米醋适量。

备2.

将猪肉皮刮净，放入沸水锅内氽透，捞出卷成卷；猪骨头放入沸水锅内焯烫一下，捞出用冷水过凉，沥水，码放在砂锅内垫底。

做3.

把鲫鱼的鱼头朝锅心一条挨一条码成一个圆圈，加入大葱、姜块、八角，再按鲫鱼的码法，在两条鱼之间放上少许大葱，将肉皮卷填在鱼尾部的空隙里，撒上白糖，放入米醋、酱油、精盐、香油、料酒和清水烧沸，用微火煨至酥烂，离火晾凉，上桌即可。

32 大蒜烧鲇鱼 20分钟

多嘴多舌

鲇鱼营养丰富，每100克鱼肉中含水分64.1克、蛋白质14.4克，并含有多种矿物质和微量元素，特别适合体弱虚损、营养不良之人食用。

选 1.

净鲇鱼1尾，大蒜瓣150克，泡椒50克，白糖1小匙，胡椒粉、味精各1/2小匙，料酒、酱油各2小匙，水淀粉75克，植物油1500克。

备 2.

将鲇鱼洗净，用干布擦净鱼身的黏液，从尾部起刀，切成3厘米宽的段（不要切断，从背部切至鱼身的2/3处即可）；蒜瓣去皮、洗净；泡椒切成碎末。

做 3.

锅中加油烧热，将鲇鱼下入油锅中炸至金黄色，倒出沥油；锅中加油烧热，下入除淀粉外所有用料烧至入味，捞出鲇鱼装盘，用水淀粉勾芡，浇在鱼上即可。

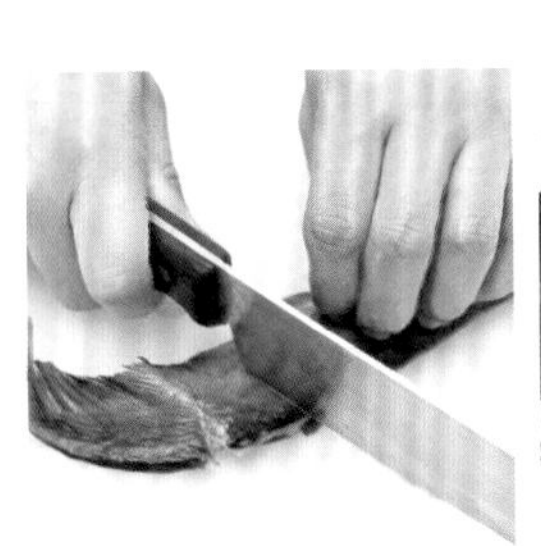

33 大虾仁炒鸡蛋 20分钟

多嘴多舌 虾仁和鱼肉禽肉相比，脂肪含量少，并且几乎不含作为能量来源的动物糖质，虾仁中的胆固醇含量较高，同时含有丰富的能降低人体血清胆固醇的牛磺酸，虾仁含有丰富的钾、碘、镁、磷等微量元素和维生素A等成分。

选 1.

大虾仁300克，鸡蛋5个，葱丝10克，姜丝5克，精盐、料酒、花椒水各2小匙，味精1小匙，淀粉1大匙，植物油适量。

备 2.

鸡蛋磕入碗中搅匀；虾仁去沙线，在背部片一刀，再放入六成热油中滑散，待虾仁打卷时捞出，沥干油分。

做 3.

净锅上火，加入底油烧热，先倒入鸡蛋液炒成麦穗状，再放入葱丝、姜丝、虾片、精盐、花椒水、料酒翻炒均匀，然后撒入味精即可。

备 2.

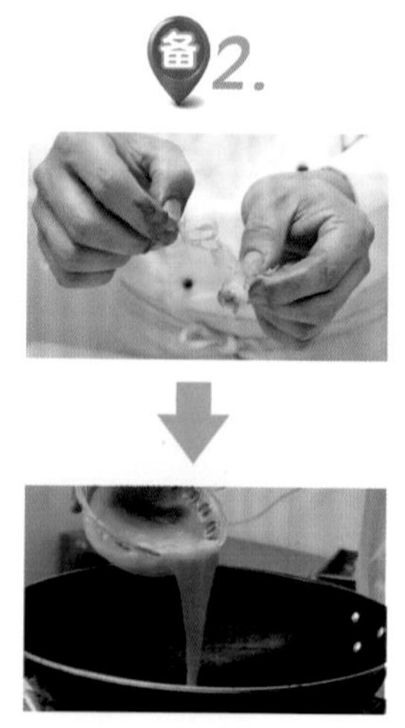

34 大虾炖白菜 25分钟

选 1.

白菜500克，对虾200克，香菜段30克，葱段、葱花、姜片各5克，精盐1/2小匙，胡椒粉少许，香油1小匙，植物油2大匙，高汤适量。

备 2.

将对虾去沙袋、沙线，剪去虾枪、虾须和虾腿，洗净；大白菜去掉老帮留菜心，洗净，用刀拍切成劈柴块。

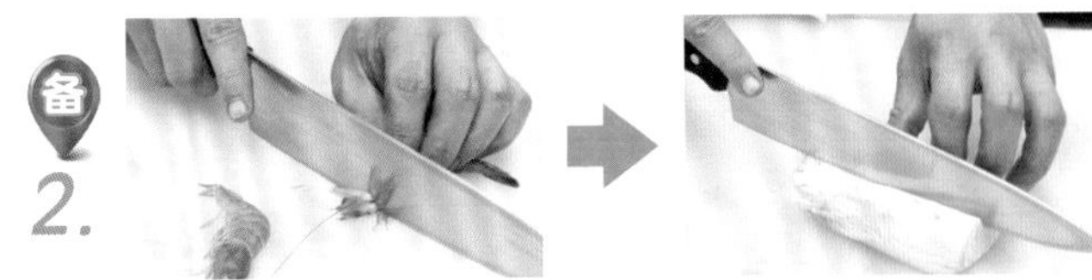

做 3.

锅中加油烧热，下入葱花炒香，再放入白菜块煸炒至软，盛出，锅中加油烧热，先下入葱段、姜片炒出香味，放入大虾两面略煎，用手勺压出虾脑，再烹入料酒，加入适量高汤烧沸，然后放入白菜块，转小火炖至菜烂虾熟，撒入胡椒粉、香菜段，盛入大碗中即可。

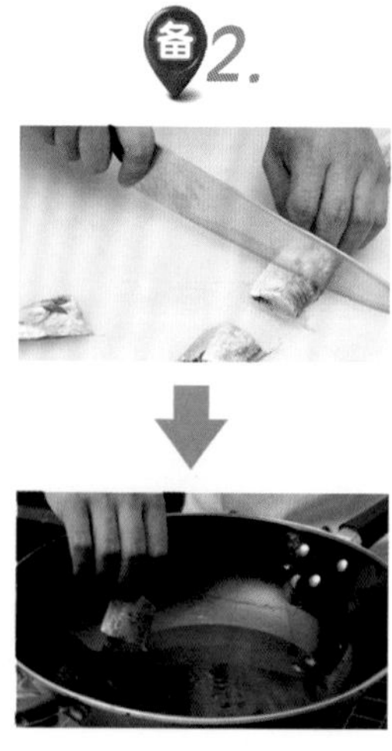

35 带鱼萝卜煲

30分钟

选1.

白萝卜100克，带鱼1尾，鸡蛋2个，葱段、姜片各6克，八角1粒，精盐、味精、胡椒粉、葱姜汁各1大匙，鸡精2小匙，淀粉3大匙，鲜汤480克，植物油750克。

备2.

将带鱼剁去头、尾，剖腹去内脏，洗净，剁成3.5厘米长的段，放入盆中，加入精盐、料酒和葱姜汁拌匀，腌约10分钟，揩干表面汁水。鸡蛋磕入碗中，加入少许精盐搅打均匀；白萝卜去皮、洗净，切成块。

做3.

锅中加油烧热，将带鱼段拍上一层淀粉，再拖上鸡蛋液，下入油锅中炸至金黄色，捞出沥油；锅留底油烧热，先下入八角、葱段、姜片炸香，加入鲜汤，然后放入白萝卜块、带鱼块，加入精盐和胡椒粉烧沸，转小火炖至熟透，调入味精即成。

36 蛋黄炒飞蟹 30分钟

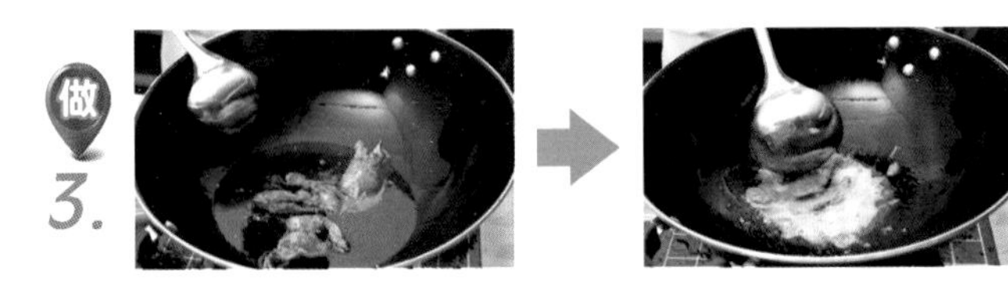

选 1.

飞蟹1只(约300克),咸鸭蛋黄100克,味精、鸡精、胡椒粉、淀粉、料酒、植物油各适量。

备 2.

将飞蟹开壳去内脏,洗涤整理干净,再剁成大块,拍上一层淀粉,然后下入六成热油锅中炸透,捞出沥油。

做 3.

锅留底油烧热,先下入咸鸭蛋黄炒碎,再烹入料酒,加入鸡精、味精、胡椒粉,添入适量清水炒成蛋黄蓉,然后放入炸好的蟹块翻炒均匀,出锅装盘即可。

螃蟹营养丰富,含有多种维生素,其中维生素A高于其他陆生及水生动物,维生素B_2是肉类的5~6倍,比鱼类高出6~10倍,比蛋类高出2~3倍。维生素B_1及磷的含量比一般鱼类高出6~10倍。小贴士

37 蛋烙生蚝 25分钟

选1.

生蚝100克，鸡蛋6个，水发香菇25克，火腿肠50克，胡萝卜30克，葱末3克，精盐、鸡精各1小匙，味精、香油各1/2小匙，植物油4小匙。

备2.

生蚝去壳取肉，洗净；鸡蛋打入碗内，加入精盐、葱末、味精、鸡精搅匀，香菇、胡萝卜、火腿分别洗净，切成碎末，与生蚝一同放入鸡蛋液碗中搅匀。

做3.

锅中加油烧热，倒入鸡蛋液煎至金黄，再加入清汤、味精略烧，淋入香油，撒上葱末即成。

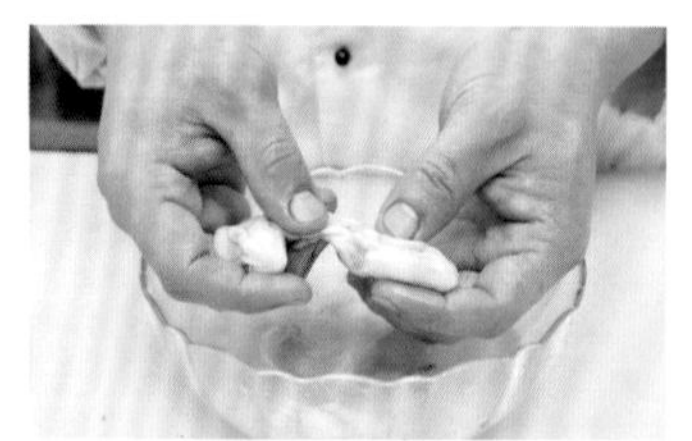

选购储存

生蚝体大肥实，个体均匀，颜色淡黄者为上品。煮熟的生蚝，壳是稍微打开的，说明煮之前是活的。若是死后去煮，则壳是紧闭的。

38 冬菜蒸鳕鱼 20分钟

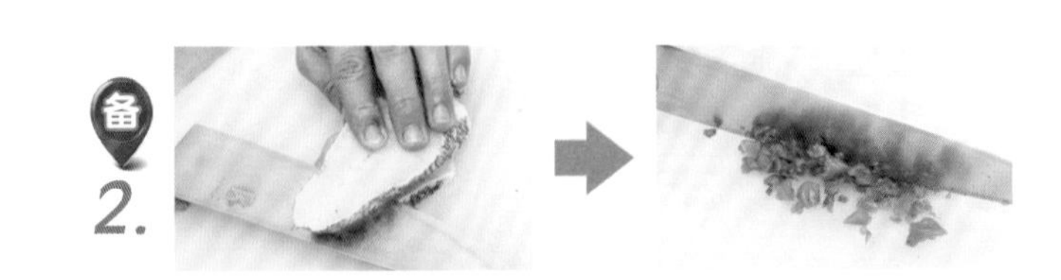

选 1.

鳕鱼肉250克，冬菜100克，香葱末5克，精盐、鸡精各1/2小匙，胡椒粉少许，香油、淀粉各1小匙。

备 2.

将鳕鱼肉洗涤整理干净，切成2厘米厚的大片；冬菜洗净，剁成碎末，再加入鸡精、淀粉、香油拌匀。

做 3.

将鳕鱼肉放入盘中，撒上少许精盐、胡椒粉腌渍3分钟，再放上拌好的冬菜，上屉蒸8分钟至熟，取出装盘，撒上香葱末即可。

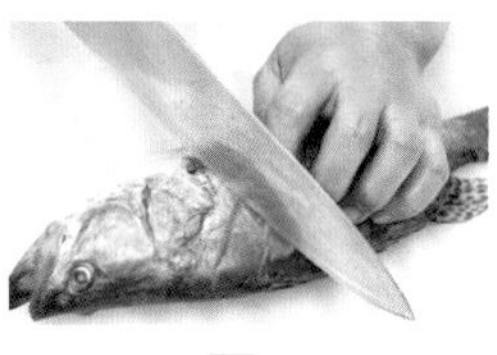

39 豆瓣鳜鱼 30分钟

选 1.

净鳜鱼1尾(约650克), 葱花、姜末、蒜末各10克, 精盐、味精、白糖、酱油、白醋、水淀粉、料酒、豆瓣酱各适量, 肉汤300克, 植物油500克(约耗50克)。

备 2.

将鳜鱼两侧剞上花刀, 加入少许料酒、精盐略腌, 再放入七成热油锅中冲炸一下, 捞出沥油。

做 3.

锅留底油烧热, 先下入豆瓣酱、姜末、蒜末炒成金红色, 再放入鳜鱼、料酒、生抽、肉汤煮沸。加入白糖、精盐、味精煨至熟透, 盛入盘中, 汤汁勾芡, 淋入白醋, 撒入葱花, 浇在鱼上即可。

40 豆瓣鲤鱼 30分钟

多嘴多舌 鲤鱼的蛋白质不但含量高，而且质量也佳，人体消化吸收率可达96%，并能供给人体必需的氨基酸、矿物质、维生素A和维生素D。

选 1.

鲤鱼3尾，葱花、姜丝、蒜片各10克，精盐、酱油各1小匙，白糖、豆瓣酱、料酒、水淀粉各1大匙，鲜汤适量，植物油500克。

备 2.

鲤鱼洗涤整理干净，两侧各剞两刀，再抹上料酒、精盐腌渍。锅置火上，加入植物油烧热，放入鲤鱼稍炸一下，捞出沥油。

做 3.

锅留底油烧热，先下入豆瓣酱、姜丝、蒜片炒香，再放入鲤鱼，加入鲜汤、酱油、精盐、白糖烧至熟嫩入味，捞出装盘，汤汁用旺火收汁，用水淀粉勾芡，撒上葱花，浇在鱼上即成。

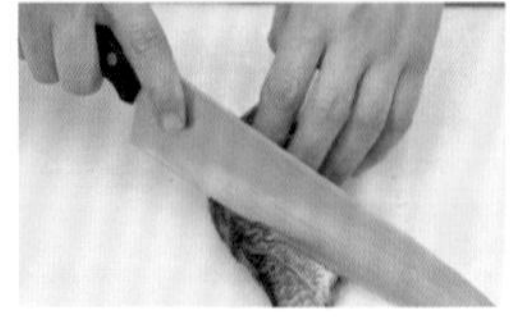

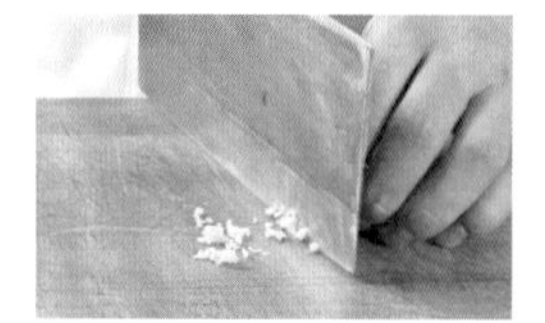

41 剁椒鱼头 25分钟

多嘴多舌 鳙鱼属高蛋白、低脂肪、低胆固醇鱼类，对心血管系统有保护作用；富含磷脂及改善记忆力的脑垂体后叶素，特别是脑髓含量很高，常食能暖胃、祛头眩、益智商、助记忆、延缓衰老，还可润泽皮肤。

选 1.

鳙鱼头1个(1000克)，湖南特制剁椒50克，白萝卜片适量，姜、葱、各适量，味精1/2小匙，红油1大匙。

将鱼头洗净，去鳃，去鳞，一劈二半，加入精盐、味精均腌制5分钟，再涂抹上剁椒。

做 3.

取大盘，放入姜片、萝卜片、鱼头、姜丝，放入蒸锅中蒸约15分钟，出锅后撒上葱花，淋入明油，再入锅蒸约3分钟即可。

42 翡翠虾仁 20分钟

多嘴多舌

本菜在炒制过程中注意，虾仁是易熟用料，所以不必长时间地翻炒，以免过度加热使肉质变老，精盐也不宜过早加入会使虾肉变硬。

选 1.

鲜虾仁500克，蚕豆粒100克，熟火腿丁20克，鸡蛋清1个，精盐1小匙，味精、胡椒粉各少许，淀粉、鲜汤各2大匙，植物油适量。

备 2.

将虾仁去沙线、洗净，加入少许精盐、淀粉、料酒、胡椒粉、蛋清拌匀，再下入热油锅中滑散、滑熟，捞出沥油；蚕豆粒洗净，切成两半。

做 3.

精盐、水淀粉、胡椒粉、鲜汤调成味汁；锅中加油烧热，先下入火腿、蚕豆略炒，再放入虾仁炒匀，然后烹入味汁炒至入味，即可出锅。

选购储存

优质虾仁的表面略带青灰色或有桃仁网纹，前端粗圆，后端尖细，呈弯钩状，色泽鲜艳；而水泡虾仁体发白或微黄，轻度红变，体半透明，露出的肠线较鲜虾粗大或已散开。

43 干烧黄花鱼 20分钟

选 1.

黄花鱼1尾，猪肥瘦肉粒40克，葱段、姜片、花椒、葱油各适量，雪里蕻粒、红干椒段各20克，味精2小匙，料酒1小匙，白糖、酱油、植物油各3大匙，清汤1000克。

备 2.

黄花鱼去鳞、去鳃，除去内脏，洗净，两侧剞上一字花刀，再加入少许酱油腌渍一下，然后放入热油锅中炸至金黄色，捞出沥油。

做 3.

锅留底油烧热，下入葱段、姜片、花椒、红干椒段炒香，再放入配料及调料炒匀，加入清汤、黄花鱼烧熟，拣出葱、姜等，淋葱油，装盘即可。

44 宫保鱼丁 30分钟

选 1.

净草鱼1尾，花生仁30克，红干椒15克，鸡蛋1个，葱花20克，精盐、味精、鸡精各1/2小匙，白糖1小匙，豆瓣酱、淀粉、植物油各适量。

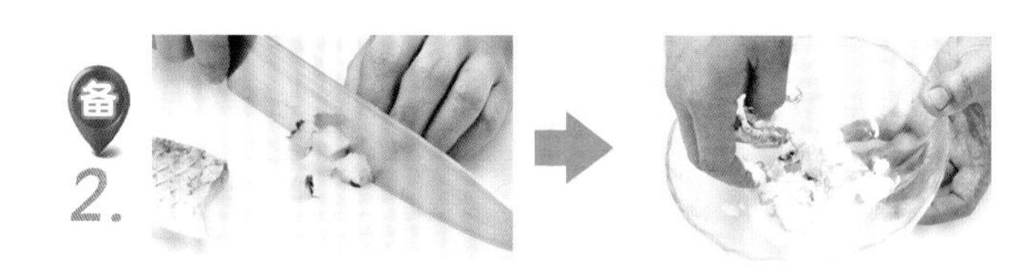

草鱼去骨、洗净，取净鱼肉，切成小丁，再加入鸡蛋液抓匀，拍匀面包糠，下入热油中炸至浅黄色，捞出沥油。

做 3.

锅中留底油烧热，先放入豆瓣酱、红干椒炒出香味，再下入鱼肉丁翻炒均匀，然后加入精盐、白糖、味精、鸡精炒至入味，再放入花生仁、葱花略炒，即可出锅装盘。

Tips 草鱼含有丰富的不饱和脂肪酸，对血液循环有利，是心血管病人的良好食物，还含有丰富的硒元素，经常食用有抗衰老、养颜的功效，而且对肿瘤也有一定的防治作用。小贴士

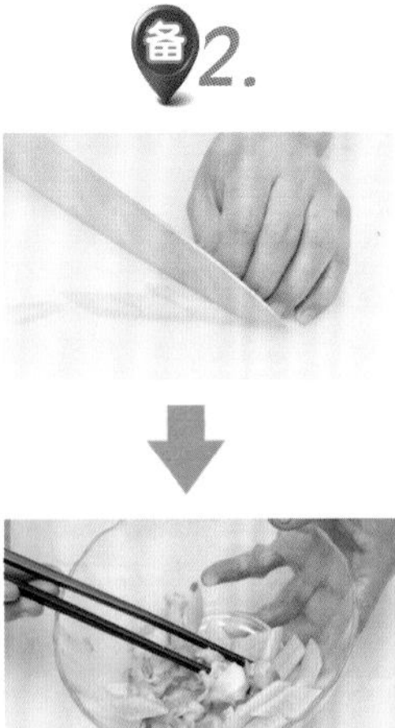

45 怪味海螺

2小时

选1.

海螺肉300克，黄瓜50克，姜15克，葱15克，香醋5克，酱油6克，料酒25克，精盐3克，香油10克，芝麻酱50克，肉汤20克。

2.

将海螺肉洗净，放小盆内，加肉汤、料酒、姜片、葱段，上笼蒸约1小时，取出晾凉后切成0.3厘米厚的片待用；黄瓜洗净去籽后切成3厘米见方的菱形片。

做3.

取一调味碗，放入芝麻酱，用冷鲜汤稀释，放入精盐、酱油、味精、香油、醋，调匀成麻酱味汁，将黄瓜皮入盘垫底，面上盖好海螺肉，淋上麻酱味汁即成。

46 锅贴鲤鱼 30分钟

多嘴多舌 河鲤鱼体色金黄，有金属光泽，胸、尾鳍带红色，肉脆嫩，味鲜美，质量最好；江鲤鱼鳞内皆为白色，体肥，尾秃，肉质发面，肉略有酸味；池鲤鱼青黑鳞，刺硬，泥土味较浓，但肉质较为细嫩。

选1.

鲤鱼肉150克，猪板油150克，鸡蛋1个，葱末、姜末、精盐、味精、水淀粉、料酒、酱油、面粉、高汤、植物油各适量。

备2.

鲤鱼肉剔骨去皮，片成长方片，加精盐、酱油、料酒、味精、葱末、姜末拌匀，腌渍片刻；猪板油切成薄片；鸡蛋液加面粉、水淀粉和少许清水调匀成蛋粉糊。

做3.

将鱼片夹在两片板油中间，裹匀蛋糊，入热油中煎至底面脆硬，再放入高汤和调料，用小火微贴至熟，出锅即成。

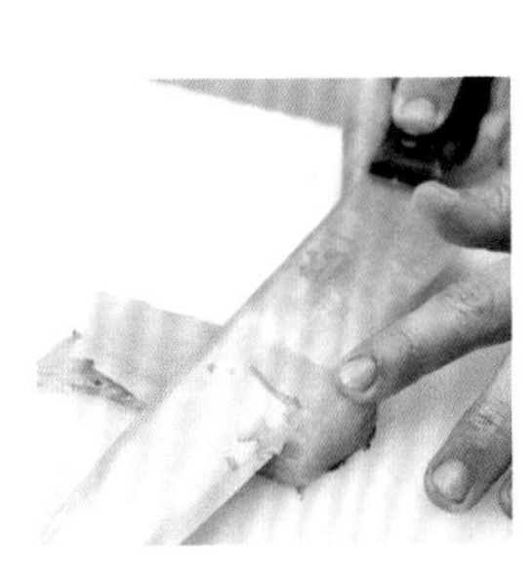

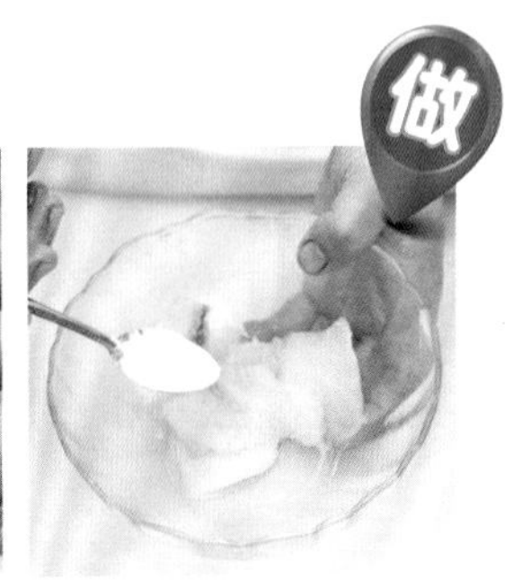

47 海参烧蹄筋

25分钟

选 1.

水发牛蹄筋500克，水发海参300克，葱段100克，精盐、酱油各1小匙，味精、鸡精各1大匙，蚝油2小匙，水淀粉、上汤各适量，植物油适量。

备 2.

将海参洗涤整理干净，切成长条；牛蹄筋洗净，切成条。

做 3.

锅中加油烧热，先下入葱段炒香，再加入上汤、海参、牛蹄筋、蚝油、精盐、味精、鸡精烧沸，转小火烧至入味，然后加入酱油烧至上色，用水淀粉勾芡，即可出锅装盘。

48 海螺肉炒西芹

20分钟

选 1.

西芹200克，海螺肉100克，百合50克，姜末、蒜片各5克，精盐、味精各1/2小匙，料酒1大匙，水淀粉2小匙，植物油3大匙。

备 2.

海螺肉择洗干净，切成薄片；西芹去皮、洗净，切成菱形片；百合去根、洗净，掰成小瓣。

做 3.

将西芹、百合、螺肉片分别放入沸水锅中焯烫一下，捞出沥干；坐锅点火，加油烧至五成热，先下入姜末、蒜片炒香，再放入西芹、百合、螺肉片炒匀，然后烹入料酒，加入精盐、味精翻炒至入味，再用水淀粉勾芡，淋入明油，即可出锅装盘。

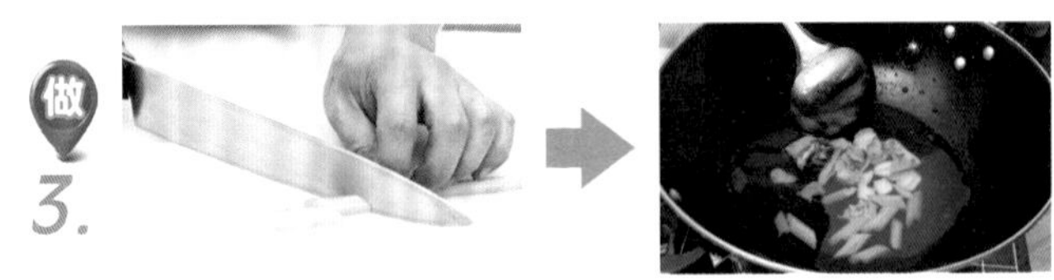

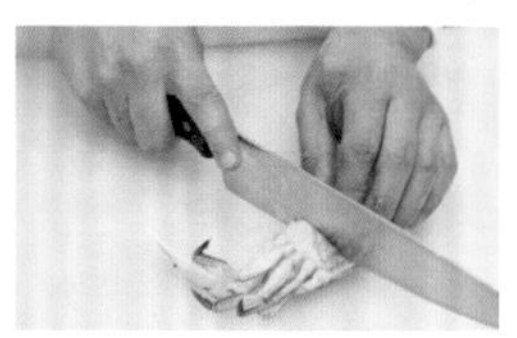

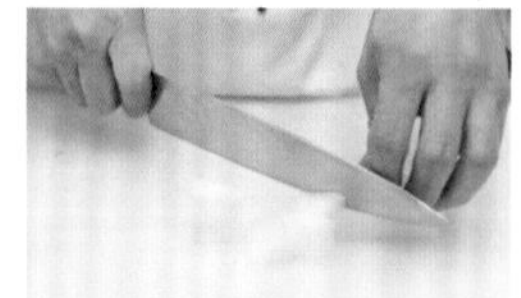

49 河蟹煲冬瓜

25分钟

选1.

河蟹3只，冬瓜250克，葱末、姜末、精盐、味精、胡椒粉各适量、鸡精1小匙，植物油1大匙。

备2.

将河蟹洗涤整理干净，切成两半；南瓜去皮及瓤，洗净，切成滚刀块。

做3.

锅中加油烧热，先下入葱末、姜末炒香，加入适量清水烧沸，然后放入河蟹、冬瓜块，加入精盐、味精、胡椒粉、鸡精调味，撇净浮沫，转中火炖至南瓜软烂入味，即可出锅装碗。

50 红烧鲫鱼 30分钟

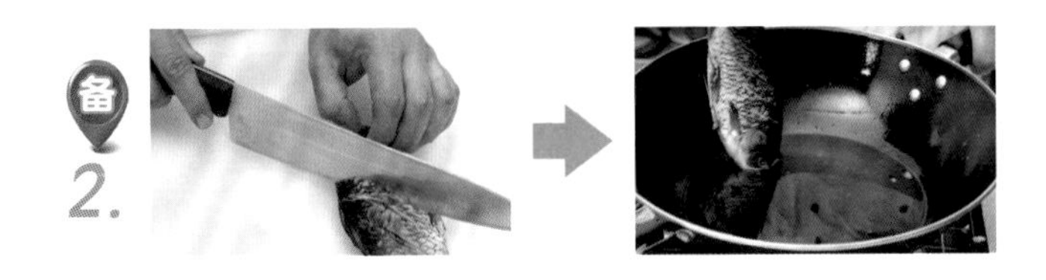

选 1.

鲫鱼250克，猪肉末50克，葱末5克，姜末、蒜末各10克，味精少许，白糖、料酒各1小匙，酱油、米醋各2小匙，植物油3大匙。

备 2.

鲫鱼洗涤整理干净，在鱼身两侧各剞几刀，再放入热油中煎至两面呈金黄色，取出沥油。

做 3.

锅中加底油烧热，先下入肉末、姜末、蒜末炒香，再放入鲫鱼、料酒、酱油、白糖、清水，烧炖至汤汁将尽，加入味精、米醋调匀，出锅装盘，撒上葱末即可。

Tips 鲫鱼所含的蛋白质质优、齐全、易于消化吸收，是肝肾疾病，心脑血管疾病患者的良好蛋白质来源，常食可增强抗病能力，肝炎、肾炎、心脏病，慢性支气管炎等疾病患者可经常食用。 小贴士

51 花果黄鱼 30分钟

1.

黄鱼1尾(约1000克),蜜橘2个,桂圆8个,糖水菠萝100克,红樱桃10粒,苹果肉50克,鸡蛋2个,姜、葱各15克,精盐、味精各适量,白糖100克,料酒2大匙,番茄酱、水淀粉各3大匙,果汁200克,植物油2000克。

备2.

将黄鱼去鳞,用筷子从鱼口至腹中搅出内脏,洗净,剞上花刀,放入碗中,加入葱、姜、料酒、精盐,味精腌渍入味;鸡蛋磕入碗中,加入水淀粉搅匀成糊。

做3.

锅中加油烧热,将黄鱼均匀地抹上蛋糊,放入油锅中炸透,捞出沥油,装入盘中;另起锅,加入番茄酱略炒一下,加入果汁、白糖、蜜橘、菠萝、桂圆、苹果肉、樱桃烧开,用水淀粉勾芡,淋入明油,浇淋在鱼身上即成。

选购储存

黄鱼含有丰富的蛋白质、微量元素和维生素,对人体有很好的补益作用,对体质虚弱和中老年人来说,食用黄鱼会收到很好的食疗效果;优质的黄鱼呈金黄色,有光泽,鳞片完整不易脱落,肉质坚实,富有弹性,眼球饱满突出,角膜透明,鱼鳃色泽鲜红或紫红,腮丝清晰,无异味。

图书在版编目（CIP）数据

3步巧做家常菜 / 夏金龙主编. -- 长春 : 吉林科学技术出版社, 2013.10
ISBN 978-7-5384-7104-5

Ⅰ.①3… Ⅱ. ①夏… Ⅲ. ①家常菜肴—菜谱 Ⅳ. ①TS972.12

中国版本图书馆CIP数据核字(2013)第212510号

主　　编　夏金龙
出 版 人　李　梁
策划责任编辑　张伟泽
执行责任编辑　黄　达
封面设计　长春创意广告图文制作有限责任公司
制　　版　长春创意广告图文制作有限责任公司
开　　本　720mm×1000mm　1/16
字　　数　300千字
印　　张　18
印　　数　1-10 000册
版　　次　2014年1月第1版
印　　次　2014年1月第1次印刷
出　　版　吉林出版集团
　　　　　吉林科学技术出版社
发　　行　吉林科学技术出版社
地　　址　长春市人民大街4646号
邮　　编　130021
发行部电话/传真　0431-85677817　85635177　85651759
　　　　　　　　　85651628　85600611　85670016
储运部电话　0431-84612872
编辑部电话　0431-86037570
网　　址　www.jlstp.net
印　　刷　沈阳天择彩色广告印刷股份有限公司
书　　号　ISBN 978-7-5384-7104-5
定　　价　29.90元
如有印装质量问题可寄出版社调换